全国测绘地理信息

U0454265

农村土地承包经营权
确权登记

主　编　晏　涵　朱山昱　韦林利　黄栋良

副主编　钟文明　刘旭峰　尹　炼　向马劲

　　　　拓文娟　张萍丽　黄汉山

主　审　梁春艳

WUHAN UNIVERSITY PRESS
武汉大学出版社

图书在版编目(CIP)数据

农村土地承包经营权确权登记/晏涵等主编. -- 武汉：武汉大学出版社，2025.7. -- 全国测绘地理信息职业教育新形态系列教材. -- ISBN 978-7-307-25026-0

Ⅰ.D922.325

中国国家版本馆 CIP 数据核字第 2025EH2003 号

责任编辑:史永霞　　　责任校对:鄢春梅

出版发行:**武汉大学出版社**　（430072　武昌　珞珈山）

（电子邮箱：cbs22@ whu.edu.cn　网址：www.wdp.com.cn）

印刷:武汉科源印刷设计有限公司

开本:787×1092　1/16　印张:14　字数:354 千字　插页:1

版次:2025 年 7 月第 1 版　　2025 年 7 月第 1 次印刷

ISBN 978-7-307-25026-0　　定价:47.00 元

前　　言

随着 21 世纪土地科学技术的快速发展，农村土地承包经营权确权已成为我国高职院校国土资源调查与管理、国土空间规划与测绘、地籍测绘与土地管理、工程测量技术等相关专业的专业拓展课程。为适应院校教学、社会培训及自学者需求，特别是为了培养兼具理论素养与实践能力的高素质技术技能型人才，我们基于培养具有较高综合素养的高端技术技能型人才的目标，特组织编写《农村土地承包经营权确权登记》一书。

为了区别于传统本科及中职教材，同时实现理论知识与实践技能并重的教学目标，本教材在编写过程中遵循以下指导思想。

一是项目引领，突破传统教材框架。以农村土地承包经营权确权的"7 个项目＋1 个综合案例"为总体架构，立足高职教育特点，系统阐述农村土地承包经营权确权的工作流程、技术要点及实施方法。

二是素养铸魂，融入素养元素。结合职业岗位需求，注重培养学生的团队协作、吃苦耐劳、创新思维、沟通表达及学习迁移能力，同时系统融入"四守四重"素养元素，强化学生综合素质培养，契合新时代课程思政要求。

三是能力导向，强化实践技能培养。编者以农村土地承包经营权确权的实际工作流程和项目实施为主线，紧密结合行业需求，突出实践性和可操作性，提升学生的职业胜任力。

四是标准先行，对接行业最新规范。教材内容严格遵循国家最新技术标准和行业规范，确保与生产实践紧密结合。

本教材适用于高职院校国土资源调查与管理、国土空间规划与测绘、地籍测绘与土地管理、工程测量技术等相关专业的教学，同时可供土地管理、地理信息技术、自然资源调查等领域从业人员学习参考。

本教材由湖南工程职业技术学院晏涵副教授、朱山昱讲师、韦林利讲师、黄栋良正高级工程师担任主编，由湖北国土资源职业学院钟文明讲师、湖南工程职业技术学院刘旭峰高级工程师、湖南省农林工业勘察设计研究院有限公司尹炼工程师和向马劲工程师、甘肃建筑职业技术学院拓文娟讲师、河南测绘职业学院张萍丽副教授、广西自然资源职业技术学院黄汉山高级工程师担任副主编。

本教材编写分工如下：项目一（农村土地承包经营权确权准备工作）由韦林利编写；项目二（要素编码规则）由晏涵编写；项目三（农村土地承包经营权确权土地权属调查）由钟文明、拓文娟编写；项目四（农村土地承包经营权确权结果审核公示）由晏涵、黄栋良、黄汉山编写；项目五（数据库和信息系统建设）由朱山昱、张萍丽编写；项目六（确权成果整理汇交与检查验收）由刘旭峰编写；项目七（内外业一体化生产实践）由尹炼、向马劲编写。全书由晏涵统稿，梁春艳教授担任主审。

为进一步满足数字化、立体化教材建设需要，本教材针对关键技能点开发了教学视频，读者可扫描书中二维码获取配套教学视频。

尽管编者在教材编写过程中力求严谨，但由于水平与时间所限，书中难免存在疏漏与不足之处，恳请各位专家、同行和读者不吝指正，以便再版时修订完善。

编　者

2025 年 4 月

目　　录

项目一　农村土地承包经营权确权准备工作

任务一　确权方案准备

📑 学习引导

本项目完成农村土地承包经营权确权的准备工作，任务一基于生产过程介绍如何进行农村土地承包经营权确权的方案准备。

1. 学习前准备

（1）学习农村土地承包经营权确权的作业依据、成果规格和主要技术指标、工作步骤与工作流程等相关知识；

（2）学习农村土地承包经营权确权的相关方案准备。

2. 与后续项目的关系

农村土地承包经营权确权的方案准备，为后续农村土地承包经营权确权资料准备的学习奠定基础。

📑 学习目标

1. 知识目标

（1）理解农村土地承包经营权确权的概念；

（2）熟悉农村土地承包经营权确权的工作要求；

（3）理解农村土地承包经营权确权的工作内容。

2. 能力目标

（1）能够读懂农村土地承包经营权确权的技术方案；

（2）能够制定农村土地承包经营权确权的技术方案。

3. 素质目标

（1）提高信息检索能力；

（2）提高独立思考、自主学习能力；

（3）提高表达与沟通能力；

（4）增强重规范和家国情怀的意识。

📖 案例导入

甘肃省农村土地承包经营权确权登记颁证工作方案

根据国家农村集体土地经营权确权工作精神，结合甘肃省实际工作情况，为切实做好农村土地承包经营权确权登记颁证工作，制定本方案。

一、目的和总体要求

农村土地确权工作的目的可归纳为：①在现有农村土地承包关系前提下，确认每块土地信息，即查清每块承包地面积、权属、四至、空间位置等情况；②解决农民重点关注的问题，即承包地块面积不准、土地权属不清、空间位置不明、四至不清、登记簿不全；③在此基础上调查农村土地承包合同是否明确，承包经营关系是否清晰；④进一步建立与健全农村土地承包经营权登记、管理等相关制度；⑤建立农村土地承包经营权登记的信息管理系统，实现对农村土地承包的信息化管理，能够方便和快捷地查询每块土地的信息，用法律和制度及信息化手段来保障农民的土地承包经营权。

甘肃省农村土地承包经营权登记的总体要求：①凡农户采取家庭承包方式获得并经营的耕地，都要进行确权登记与颁证；②根据工作需要，如确需确权确股不确地的，必须报甘肃省农村土地确权登记颁证工作领导小组审核并同意；③不纳入此次确权登记颁证范围的土地，包括村集体建设用地、宅基地、林地、草原、机动地等；④予以确权登记颁证的土地（通过"招、拍、挂"等方式承包的耕地），经当事人申请，按照《中华人民共和国农村土地承包经营权证管理办法》等有关规定进行确权和颁证。

二、原则与要求

（1）吃透政策，确保稳定。农村土地确权登记颁证工作，要以现有农村土地承包合同、台账和证书为依据，确认承包地权益归属。开展确权工作是为了进一步完善现有土地承包关系，不能借机调整或收回农户承包地而损害农户利益。但是对个别村、村里群众确实需要调整土地关系的，要基于相关法律和政策，在充分尊重农民意愿的前提下，采取先互换再确权的方式，慎重把握，妥善处理。对在确权工作中承包不完善、权利不落实、管理不规范的行为，应依法予以纠正和处理。

（2）规范登记，捍卫权利。确权人员要严格按照《农业部办公厅关于印发〈农村土地承包经营权登记试点工作规程（试行）〉的通知》（农办经〔2012〕19号）等文件要求开展确权登记与颁证工作，力求做到有法可依、有法必依；按照程序和标准做好农村土地确权登记颁证成果的保密管理，确保土地承包权利人的个人信息不泄露。在确权过程中出现的没有政策与法律依据的情况，可采取村民集体讨论、民主协商的方式来解决；对有争议和纠纷、村民重点关注的历史遗留问题，要先解决争议和纠纷，再开展下一步工作。力争做到"四公开"，即程序公开、内容公开、方法公开和结果公开，切实保障每个农户在土地确权工作中的知情权、参与权、决策权和监督权。

（3）属地管理，分级负责。土地确权工作以县级为主，实行属地管理，层层落实责任。实行省—市—县—乡四级负责制，即省级承担组织领导工作，各市、州承担组织协调工作，县、乡两级承担组织实施工作。

（4）依法依规，注重质量。土地确权工作要依法依规，选择符合国家标准规范、符合当地工作实际、农户普遍认可的技术与方法，充分利用现代空间信息技术和测绘技术，坚持质量优先，兼顾工作进度。为进一步提高工作质量和工作效率，要明确工作时间表和技术路线。实行全过程质量把控，进度服从质量，注重关键环节，把好质量关。

三、计划进度

从 2015 年起，甘肃省各县（市区）全面开展农村土地确权工作，计划用 3 年时间全面完成。根据计划要求，2014 年完成金川区等 3 个试点，2015 年完成 40％的县（市区），2016 年基本完成所有县，2017 年开展总结与验收。

📖 任务布置

请同学们思考：制定农村土地承包经营权确权方案需要准备哪些资料。

📖 任务分析

农村土地承包经营权确权工作是全国开展的一次针对农村土地的调查和颁证工作。方案准备阶段主要包括该项工作的工作内容、作业依据、成果规格和主要技术指标、工作步骤与工作流程。

📖 任务准备

为落实国务院农村工作会议精神，稳定和完善农村土地承包关系，国务院在全国范围内开展了农村土地承包经营权确权登记工作；为保证该项工作的顺利开展，相关部门出台了一系列政策和技术规程。例如：为明确农村土地承包经营权登记工作的指导思想、基本原则和主要任务，2011 年 2 月农业部发布了《关于开展农村土地承包经营权登记试点工作的意见》；2012 年 6 月农业部印发了《农村土地承包经营权登记试点工作规程（试行）》，提出了农村土地承包经营权确权登记的具体方法；根据确权工作的需要，出台了三个标准和技术规范——《农村土地承包经营权要素编码规则》（GB/T 35958—2018）、《农村土地承包经营权调查规程》（NY/T 2537—2014）、《农村土地承包经营权确权登记数据库规范》（NY/T 2539—2016）。

一、相关概念

（1）农村土地承包经营权确权：县级农村土地承包管理部门将农户承包土地的权属、面积、空间位置、四至等土地信息及其变动情况记载于登记簿，经过公示和签字无异议等程序后，由县级以上地方人民政府颁发土地承包经营权证书，进一步明确承包关系和各项权益的工作。

（2）承包地块：由农户承包经营的地块界线所封闭的地块。

（3）界址点：宗地权属界线的转折点或交点。它是标定宗地权属界线的重要标志。

（4）界址线：宗地四周的权属界线。它是由界址点连成的折线或曲线。

（5）发包方：依法发包农村土地的农村集体经济组织、村委会或者村民小组，它与承包方是相对的。

（6）承包方：农村土地承包合同生效后，国家依法确认享有土地承包经营权的经营方，它与发包方是相对的。

（7）调查草图：在确权调查指界过程中，调查员按 NY/T 2537—2014 的要求，在工作底图上标注承包方（代表）姓名、地块编码（缩略码）和界址等情况后形成的图件。

（8）矢量数据：以坐标或有序坐标串表示的空间点、线、面等图形数据及与其相联系的有关属性数据的总称。

（9）栅格数据：将地理空间划分为行列规则排列的单元，且各单元带有不同"值"的数据集。

（10）图形数据：表示地理实体的位置、形态、大小和分布特征以及几何类型的数据。

（11）属性数据：描述地理实体质量和数量特征的数据。

二、工作要求

农村土地承包经营权确权工作要求村干部组织人员逐户收集资料，确保户籍信息的完整性和准确性，做到"村不漏组、组不漏户、户不漏项"。

三、工作意义

农村土地承包经营权确权颁证工作是在原有承包关系的基础上进一步完善土地承包管理的工作。该工作的开展，为解决农村土地承包经营纠纷、维护农民土地承包合法权益提供了强有力的法定依据；对农民承包地确实权、颁铁证，进一步赋予承包经营权抵押、担保和入股发展农业生产经营的权能，具有重大的意义。具体来说，农村土地承包经营权确权颁证工作的意义体现在以下三个方面。

（1）通过开展农村土地承包经营权确权颁证工作，重点解决承包地块面积不对、"四至"不清、权属不明、位置不准等问题，为下一步开展农村土地经营权流转、解决和调处土地纠纷等相关工作提供依据。

（2）通过开展农村土地承包经营权确权颁证工作，建立涉及土地承包经营权内容的相关土地信息的摸底和登记制度，通过确权制度确认农户对承包地块的各项权利。

（3）通过开展农村土地承包经营权确权颁证工作，在明晰土地权属关系、解决纠纷、建立登记制度的基础上，建立与土地确权有关的土地承包经营权数据库及土地信息系统，进而对权责明确的土地实现信息化管理，更好地服务于现代农业。

任务实施

【任务 1-1】拟定一份关于农村土地承包经营权确权方案的工作内容清单。

【任务 1-2】对农村土地承包经营权确权方案进行分析，提交一份分析报告。

一、工作内容

视频：农村土地经营权确权方案准备

农村土地承包经营权确权流程分为如下几个步骤。

1. 宣传、培训，成立工作机构

（1）开展宣传动员工作：确立指导思想，宣传开展该项工作的意义和内容。

（2）对工作人员开展业务和技术培训：开展业务和技术培训，使每名工作人员都能熟练开展工作。

PPT：确权方案准备

（3）制作宣传资料：开展海报、展板宣传，制作宣传单、宣传册等。

（4）成立工作机构：成立工作小组和领导小组，负责工作的协调和组织。

2. 收集及清理资料

以村、组为基本单位开展如下资料的收集、调查、整理：①农户户籍信息；②农户土地承包档案资料；③土地权属资料；④调查区域基础地理资料；⑤调查区域地类调查资料；⑥调查区域永久基本农田资料。

以村、组为基本单位开展如下档案资料的清理：①土地承包合同；②土地统计台账；③土地登记簿；④承包户成员的基本情况；⑤承包土地信息（四至、界线、面积等）。综合分析以上五种档案资料，形成农户承包地登记基本信息表。

3. 制作工作底图

将以高分辨率遥感卫星资料和航空摄影测量资料为基础资料制作的数字正射影像图（DOM）作为该调查区域的农村土地承包经营权调查的数字正射影像图。以村民小组为基本调查单位，矢量化数字正射影像图上的地块图斑，制作农村土地承包经营权调查工作底图。

4. 调查和登记权属

以调查工作底图为基础，以村民小组为单位，通过承包方和发包方的现场调查，进而确认底图上每块承包地块双方农户的信息；经双方农户核实无误后，签字确认，编辑地块信息，计算出每块承包地的面积，制作承包地的公示图、公示表。

5. 登记及颁证

登记及颁证的整个过程包括：①根据调查区域内户、组、村的具体情况建立该区域内农村土地承包经营权确权合同与登记簿信息，在此基础上对农户、承包合同、地块进行编码；②承包方和发包方现场核实村、组边界是否无误，确认每块承包地块的四至、面积、空间位置等具体信息；③以承包户为基本单位，核实确认地块信息无误后，生成并逐户签订农村土地承包经营合同；④制作并输出农村土地承包经营权的权证内容信息。

6. 归档资料及数据

对承包方、发包方和承包地块的资料，经双方核实检查无误后，根据确权数据入库要求，技术人员利用相关软件将其全部导入统一标准的数据平台，完善土地数据信息化平台并最终形成数据库。

二、作业依据

（一）法律法规及行政文件

（1）《中华人民共和国土地管理法》；

（2）《中华人民共和国农村土地承包法》；

（3）《中华人民共和国农村土地承包合同管理办法》；

（4）农业部、国家档案局《关于加强农村土地承包档案管理工作的意见》（农经发〔2010〕12号）；

（5）农业部、财政部、国土资源部、中央农村工作领导小组办公室、国务院法制办公室、国家档案局《关于开展农村土地承包经营权登记试点工作的意见》（农经发〔2011〕2号）；

（6）《农业部办公厅关于印发〈农村土地承包经营权登记试点工作规程（试行）〉的通知》（农办经〔2012〕19号）；

（7）农业部、中央农村工作领导小组办公室、财政部、国土资源部、国务院法制办、国家档案局《关于认真做好农村土地承包经营权确权登记颁证工作的意见》（农经发〔2015〕2号）；

（8）《农业部办公厅关于印发〈农村土地承包经营权确权登记颁证成果检查验收办法（试行）的通知〉》（农经发〔2015〕5号）。

（二）技术标准文件

（1）《土地利用现状分类》（GB/T 21010—2017）；

（2）《县级以下行政区划代码编制规则》（GB/T 10114—2003）；

（3）《全球导航卫星系统（GNSS）测量规范》（GB/T 18314—2024）；

（4）《国家基本比例尺地图图式 第1部分：1：500 1：1 000 1：2 000 地形图图式》（GB/T 20257.1—2017）；

（5）《基础地理信息要素分类与代码》（GB/T 13923—2022）；

（6）《1：500 1：1 000 1：2 000 地形图航空摄影测量外业规范》（GB/T 7931—2008）；

（7）《1：500 1：1 000 1：2 000 地形图航空摄影测量内业规范》（GB/T 7930—2008）；

（8）《地理空间数据交换格式》（GB/T 17798—2007）；

（9）《测绘成果质量检查与验收》（GB/T 24356—2023）；

（10）《地籍调查规程》（TD/T 1001—2012）；

（11）《农村土地承包经营权调查规程》（NY/T 2537—2014）；

（12）《农村土地承包经营权要素编码规则》（NY/T 2538—2014）；

（13）《农村土地承包经营权确权登记数据库规范》（NY/T 2539—2016）；

（14）《全国耕地类型区、耕地地力等级划分》（NY/T 309—1996）；

三、成果规格和主要技术指标

1. 农村土地承包经营权确权的成果规格资料及明细资料

农村土地承包经营权确权的成果规格资料分为：①调查成果资料；②登记成果资料；③信息化建设成果资料；④其他成果资料。其具体明细资料如表 1-1 所示。

表 1-1　农村土地承包经营权确权的成果规格资料及明细资料

成果规格资料	具体明细资料
调查成果资料	（1）表格：摸底调查表、发包方调查表、承包地块调查表、承包方调查表、调查信息公示表、公示结果归户表。 （2）图纸：调查草图、地块分布图。 （3）资料：承包方（代表）声明及授权委托书、农村土地承包合同、土地承包台账（以发包方为单位）等
登记成果资料	农村土地承包经营权登记申请材料、农村土地承包经营权登记簿等
信息化建设成果资料	（1）数据库资料：调查区矢量数据及其元数据、权属数据、栅格数据。 （2）档案资料：承包地块示意图、数据库建设相关文字报告、汇总统计表等
其他成果资料	技术设计书、工作方案、仪器鉴定书、工作报告、首件成果生产总结报告、技术总结、各级质量检查报告与检查记录、招投标结果公告、宣传培训、工作简报、会议纪要、技术文件、确权工作组织实施和政策、县级行政区及发包方清单等

2. 数学要求

农村土地承包经营权确权对坐标系、高程基准、比例尺、地图投影等都有要求，其具体要求和其他说明详见表 1-2。

表 1-2　农村土地承包经营权确权登记发证所采用的数学参数

数学要求	具体要求	其他说明
坐标系	2000 国家大地坐标系（China Geodetic Coordinate System 2000，CGCS2000）	不具备 CGCS2000 实施条件的地区可采用 1980 西安坐标系，但应与 CGCS2000 建立转换关系，先转换后测量
高程基准	1985 国家高程基准	
比例尺	基本比例尺为 1∶2 000、1∶1 000、1∶500	县级宜采用 1∶2 000 比例尺
地图投影	采用高斯-克吕格投影	坐标单位为米（小数点后保留 2 位）

注：对于跨投影带的县级行政区，根据数据跨带情况，选择投影主带进行投影变换，统一为同一中央经线。例如湖南省长沙市望城区辖区处于第 38 带区域，中央子午线为 114 度。

3. 数据存储单元

农村土地承包经营权确权登记发证所采用的数据存储单元包括影像图、分幅、图幅尺寸、图幅编号、存储单元和其他说明，详见表1-3。

表1-3 农村土地承包经营权确权登记发证所采用的数据存储单元说明

影像图	分幅	图幅尺寸	图幅编号	存储单元	其他说明
数字正射影像图	正方形	52cm×52cm	50cm×50cm 分幅图廓西南角坐标以千米为单位，x 坐标在前，y 坐标在后，中间以短横线连接，如"2893.0-37553.0.tif"	矢量数据以县级行政区作为存储单元	同一单元内的矢量数据应拼接

例如湖南省长沙市望城区采用 1∶2 000 比例尺的数字正射影像图以正方形分幅，图幅尺寸约为 52cm×52cm，图幅编号取 50cm×50cm 分幅图廓西南角坐标以千米为单位，x 坐标在前，y 坐标在后，中间以短横线连接，如"3014.00-526.00.tif"。建立望城区确权辖区范围内的矢量数据库，各标段、乡镇之间应进行接边处理。

4. 数据格式

农村土地经营权确权登记发证采用数字正射影像图，其矢量数据及各类关系如表1-4所示。

表1-4 农村土地经营权确权登记发证所采用的数据格式要求

数字正射影像图	矢量数据	各类关系
存放：以.tfw文件（GeoTIFF格式伴生）、元数据文件、投影信息文件存放。 要求：图名、文件名与图幅编号一致，数字正射影像图元数据格式为.xls	矢量数据采用.shp格式，元数据采用.xml格式	采用.mdb格式

5. 数据组织管理

根据《农村土地承包经营权确权登记数据库规范》，地理信息数据采用分层的方法，权属数据采用二维关系表的方式，按照描述名称、层要素、属性表名称、几何特征及二维关系构建表结构。

6. 精度指标

以 1∶2 000 的比例尺作为地块平面位置精度，采用航测法、图解法及组合法等计算的面积与实测面积的误差不得超过 5%。

1）数字正射影像图精度指标

数字正射影像图中明显地物点的平面位置中误差不应大于表1-5的规定，其最大误差为平面位置中误差的两倍。

表 1-5　平面位置中误差　　　　　（单位：m）

比例尺	平地、丘陵地	山地、高山地
1∶500、1∶1 000、1∶2 000	±1.2	±1.6

2）界址测量精度

点位中误差（实测法测定界址点相对于邻近控制点）与间距中误差（相邻界址点间）不超过表 1-6 的规定，其限差要求采用两倍中误差。

表 1-6　实测法测定界址点精度指标　　　　　（单位：m）

界址点精度等级	控制点相对于邻近控制点的点位误差和相邻界址点间的间距误差
	中误差
一级	±0.05
二级	±0.10
三级	±0.15
一般地区界址点精度等级不低于二级；特殊困难地区界址点精度等级不低于三级	

点位中误差（航测法测定界址点相对于邻近控制点）和间距中误差（相邻界址点间）不超过表 1-7 的规定。限差要求采用两倍中误差。

表 1-7　航测法测定界址点精度指标　　　　　（单位：m）

比例尺	界址点相对于邻近控制点的点位中误差和相邻界址点间的间距中误差	
	平地、丘陵	山地、高山地
1∶2000	±1.00	±1.50

点位中误差（图解法测定界址点相对于邻近控制点）和间距中误差（相邻界址点间）不超过表 1-8 的规定。限差要求采用两倍中误差。

表 1-8　图解法测定界址点精度指标　　　　　（单位：m）

比例尺	界址点相对于邻近控制点的点位中误差和相邻界址点间的间距中误差	
	平地、丘陵	山地、高山地
1∶2000	±1.20	±1.60

3）面积测量精度

界址点坐标的获取可采用不同的界址测量方法，其面积计算的相对误差（计算地块面积和实测地块面积的较差与实测面积的比值）不应超过 5%。

如面积计算相对误差精度不能满足要求，为确保面积测量的精度，则应改用精度较高的测量方法。

4）计量单位指标

面积计算单位采用平方米（m²），长度单位采用米（m），统计汇总时，面积单位采用公顷（hm²），将亩作为辅助面积单位。

上述计量单位小数点后均保留两位有效数字。

7. 数据接边

为确保调查成果的完整性，调查成果需经过接边处理。相邻标段、乡镇的调查成果必须经过接边处理；县界处承包地块界线不能直接接边的，须双方现场核实、调整后再进行接边处理。

接边处理的原则：接西边和北边，检查东边和南边。当确权工作进度不一致时，后提交成果的一方应负责与已提交成果进行接边。

与外县、市的接边工作由确权辖区农村土地承包经营权确权登记颁证工作联席会议办公室负责协调组织。

现以湖南省长沙市望城区农村土地承包经营权确权登记发证的 1∶2 000 数字正射影像图为例，其具体参数如表 1-9 所示。

表 1-9　湖南省长沙市望城区农村土地承包经营权确权数字正射影像图具体参数

项　　目	参　　数
产品名称	湖南省农村土地承包经营权确权登记发证 1∶2 000 数字正射影像图
比例尺分母	2000
生产日期	2013 年 7 月
生产单位	湖南省第三测绘院
版权单位	湖南省国土资源厅
数据格式	GeoTIFF
影像采样间隔	0.2 米
平面坐标系统	1980 西安坐标系
高程系统	1985 国家高程基准
投影方式	高斯-克吕格投影
中央子午线	114 度
分带方式	任意带
主要数据源	数码航空摄影测量
数据源分辨率	0.2 米
数据获取时间	2012 年 12 月
DEM 比例尺	1∶2 000
DEM 采样间隔	1.0 米

项 目	参 数
行政境界来源	国家民政部门
行政境界比例尺	1∶10 000

四、工作步骤与工作流程

1. 工作步骤

农村土地承包经营权确权登记颁证工作的整个步骤如下：

（1）以行政村为单位，准备农村土地承包经营权调查工作底图资料并制作调查工作底图；

（2）村、组双方组织承包方和发包方进行土地承包经营权现状的调查摸底，根据收集的内容和信息形成调查摸底表；

（3）利用调查工作底图和调查摸底表，组织承包方和发包方开展承包地块的现场指界和信息确认，实地查清承包地块名称、界址、面积、四至、土地用途、空间位置及权利人信息；

（4）经内业上图、图件绘制和信息编辑，编制农村土地承包经营权地块分布图、调查信息公示表，调查成果经双方确认无误，并经审核合格和公示无异议后，对公示结果归户表进行签章确认；

（5）按规程要求建立农村土地承包经营权确权登记数据库，实现数据管理信息化，进一步规范整理成果，确保调查成果满足农村土地承包经营权确权登记颁证和信息化管理的要求。

2. 工作流程

基本工作流程：成立工作机构→收集和整理资料→制作工作底图→调查和登记权属→审核和颁证→资料和数据归档。

任务评价

任务完成情况评价与分析如表 1-10 所示。

表 1-10 任务完成情况评价与分析

序号	评价内容	自我评价	他人评价	评价分析	自我改进方案
1	工作态度				
2	分析问题能力				
3	解决问题能力				
4	创新思维能力				
5	任务结果正确度				

思考练习

一、判断题

（1）以调查工作底图为基础，以村民小组为单位调查确认底图上每块承包地的权属信息；经村组农户核实无误后，编辑地块信息并计算出每块承包地的面积，制作公示图和公示表。　　　　　　　　　　　　　　　　　　　　　　　　　　　　　　　　　　　　（　　）

（2）根据高分辨率遥感卫星资料和航空摄影测量资料形成数字正射影像图，在数字正射影像图上矢量化地块图斑，制作以村民小组为单位的农村土地承包经营权调查工作底图，输出农村土地承包经营权确权调查工作底图。　　　　　　　　　　　　　　　　　　　（　　）

二、思考题

（1）开展农村土地承包经营权确权工作，应收集和整理哪些必备的村、组资料？

（2）农村土地承包经营权确权流程包括哪些步骤？

任务二　确权资料准备

学习引导

前一个任务学习了农村土地承包经营权确权的方案制定，从任务二开始学习如何进行农村土地承包经营权确权的资料准备。本任务基于真实项目生产过程介绍如何进行农村土地承包经营权确权的资料准备，帮助学习者更好地巩固技能。

1. 学习前准备

（1）学习农村土地承包经营权确权资料的收集方法；

（2）学习收集资料的要求。

2. 与后续项目的关系

准备农村土地承包经营权确权的资料，为后续图件的制作提供依据。

学习目标

1. 知识目标

（1）理解资料收集要求；

（2）学会资料收集的方法。

2. 能力目标

（1）能够用思维导图的方式绘制农村土地承包经营权确权的资料收集过程；

（2）能够列出农村土地承包经营权确权的资料清单。

3. 素质目标

（1）提高信息检索能力；

（2）增强重规范、保安全的意识；

（3）提高独立思考、自主学习、实践操作的能力；

（4）提高表达与沟通能力。

案例导入

拉萨市开展农村土地承包经营权确权登记颁证前期准备

近日，西藏自治区拉萨市档案局向下辖的县、区下发了《关于做好农村土地承包经营权登记颁证档案工作的通知》。该通知对拉萨市下辖的县、乡、村三级组织在农村土地承包经营权确权登记过程中产生的档案资料进行了规范，进一步明确了存档范围和归档期限。据悉，该档案资料包括 5 类 24 种，与农户信息息息相关。通知下发后，拉萨市下辖的县、区档案馆积极响应，落实通知精神，召开了专题会议，制定了实施方案，建立和健全了相关制度，为后续农村土地承包经营权确权登记颁证档案工作做好了铺垫。

任务布置

请同学们思考：农村土地承包经营权确权应该收集哪些资料？与任务一中的方案制定有何关系？

任务分析

本次任务主要是对农村土地承包经营权确权登记颁证工作所需要的资料进行分析，要求能正确收集资料，并能分析和利用资料。

任务准备

一、相关概念

数字正射影像图是对航空航天像片进行数字微分纠正、镶嵌并按一定图幅范围裁剪生成的数字正射影像集。数字正射影像图具有地图几何精度和影像特征双重特征，精度高、信息量大、直观性强。因此，可从数字正射影像图中提取自然信息、人文信息，并由此派生出新的信息和产品。

视频：农村土地承包经营权确权资料准备

PPT：农村土地承包经营权确权资料准备

二、基本农田

基本农田是根据国家发展需要，按照一定时期人口、社会和经济发展对农产品的需求，基于土地利用总体规划确定的不得占用的耕地。因此，基本农田不仅是耕地的一部分，更是高产优质的那一部分。为保护基本农田，将一部分区域保护起来，确定为基本农田保护区，这些区域以乡（镇）为单位进行划区和定界，由县级人民政府土地行政主管部门会同同级农业行政主管部门组织实施。因此，基本农田保护区是为对基本农田实行特殊保护而依据土地利用总体规划和依照法定程序确定的特定保护区域。

基本农田保护制度是国家为保持农业基本生产能力而对农村土地实行的一种保护制度，也可以说是一个保护区的概念。根据《中华人民共和国土地管理法》的规定，下列耕地应当根据土地利用总体规划优先划入基本农田保护区，严格管理：①经国务院有关主管部门或者县级以上地方人民政府批准确定的粮、棉、油、糖等重要农产品生产基地内的耕地；②有良好的水利与水土保持设施的耕地，包括正在实施改造计划以及可以改造的中、低产田；③农业科研、教学试验田；④蔬菜生产基地；⑤国务院规定应当划入基本农田保护区的其他耕地。

三、湖南省卫星导航定位基准站系统

湖南省卫星导航定位基准站系统（HNCORS）是湖南省自然资源厅"十一五"期间的重点项目。2012年底该项目投入运行，2016年1月升级兼容我国北斗卫星，成为全国首个兼容美国GPS、俄罗斯GLONASS和我国BDS三星的卫星导航公共服务平台。该系统包含天宝、徕卡两套解算系统，对应提供48665和48666两个服务端口，与在线坐标转换共享软件和共享账号，向社会提供HNCORS支持下的GNSS测量坐标传递与转换技术服务。

经过近20年的建设，目前HNCORS在湖南省内建设和共享多个GNSS基准站，形成了覆盖全省的基准站网，该网具有高精度、高覆盖、全天候和高时空分辨率的特点，同时构成了高精度且动态、具有现代四维特点的大地测量参考框架。因此，HNCORS系统是湖南北斗卫星导航系统和2000国家大地坐标系的具体实现。

HNCORS系统是多种技术的有机结合，涵盖地理信息系统、卫星导航定位技术、气象学、测绘学、计算机、现代通信等领域，已向全省各行业用户提供了多种技术服务，特别是实时网络差分定位服务。该技术与人们生活息息相关，涉及公安消防、大地测量、气象监测、工程测量、国土测绘与规划、沉降监测、地震监测、导航等领域。为满足日益增长的城市综合管理与城市化建设的需求，HNCORS系统还在社会公共定位服务方面发挥了巨大作用，取得了良好的社会效益、经济效益。另外，该系统还积极推进了湖南省信息化测绘体系建设，为湖南省现代四维空间参考基准的建立与维持、测绘市场监管、公众位置服务优化等领域的发展提供了重要的技术支持。

任务实施

【任务1-3】拟定一份农村土地承包经营权确权的资料准备清单。

【任务1-4】对农村土地承包经营权确权的资料名称进行分析。

农村土地承包经营权确权工作需准备的资料大部分由农业农村局、林业局等部门负责收集。技术单位对收集的资料进行分析和整理，根据实际情况将其用于经营权确权工作。农村土地承包经营权确权需收集的资料和具体要求详见表1-11。

表 1-11 农村土地承包经营权确权资料名称和相关要求

资料名称	具体要求	备注
(1) 数字正射影像图	坐标系：2000 国家大地坐标系，比例尺不低于 1∶2 000	用于编制外业调查工作底图
(2) 行政界线	界线：县级及县级以上行政区域界线采用全国陆地行政区域勘界成果。乡（镇）、村（组）级行政界线，则采用各县（市、区）最新确定的界线（主要以国土部门进行全国第二次土地调查成果资料为基础）	例如湖南省望城区土地经营权确权收集的行政界线是以收集的村组权属界线为行政界线
(3) 基本农田数据	以永久基本农田划定工作确定的数据作为承包地块"是否基本农田"属性调查的最终依据	有些区域组织开展的永久基本农田划定工作未最终审定，为保证工作的延续性，暂以各省自然资源厅备案的土地利用变更调查成果中的基本农田数据作为承包地块"是否基本农田"属性调查的依据
(4) 地力等级、质量等级数据	收集土地地力等级数据成果作为确定承包地块地力等级	如暂未收集到农业部门的土地地力等级、质量等级数据成果，技术单位应加强与农业部门的沟通与协调，尽快收集相关数据成果
(5) 农村土地承包经营权权属资料	权属资料包括入户调查摸底表、依法变更的有关合同、农村土地承包方案、登记簿、承包合同、承包台账、已颁发的农村土地承包经营权证、申请和审核材料，同时还包括农村土地承包经营权设立、变更、转让和注销的会议记录、决议等	各乡镇农经站统一保管二轮延包承包合同、承包台账、登记簿等。对于用于权属调查的基础资料，技术单位可与各农业部门联系，形成移交清单。权属调查依据包括依法变更的有关合同、申请和审核材料，以及涉及农村土地承包经营权设立、变更、转让和注销的会议记录、决议等，这些资料也可作为调查摸底工作的基础数据
(6) 其他资料	相关权利人信息确定依据：省级 CORS 系统、部分地市的城市 CORS 系统；身份、户籍、婚姻登记或证明资料等	

任务评价

任务完成情况评价与分析如表 1-12 所示。

表 1-12　任务完成情况评价与分析

序号	评价内容	自我评价	他人评价	评价分析	自我改进方案
1	工作态度				
2	分析问题能力				
3	解决问题能力				
4	创新思维能力				
5	任务结果正确度				

思考练习

一、判断题

（1）农村土地承包经营权确权资料收集的数字正射影像图要求比例尺不低于 1：2 000，坐标系为 2000 国家大地坐标系。　　　　　　　　　　　　　　　　　　　（　　）

（2）农村土地承包经营权确权资料收集的基本农田数据，以永久基本农田划定工作确定的数据作为承包地块"是否基本农田"属性调查的最终依据。　　　　　　　　（　　）

二、思考题

（1）农村土地承包经营权权属资料包括哪些？

（2）请列出农村土地承包经营权确权应该收集的资料名称。

任务三　调查工作底图的制作流程及规范要求

学习引导

前一个任务学习了农村土地承包经营权确权的资料收集，从任务三开始学习如何绘制调查工作底图并熟悉制作流程。本任务以"调查工作底图的制作流程及规范要求"为依托，基于生产过程介绍如何绘制农村土地承包经营权确权的调查底图，帮助学习者更好地巩固技能。

1. 学习前准备

（1）学习农村土地承包经营权确权调查工作底图的识别；

（2）学习 MAPGIS 6.7 的软件使用；

（3）安装 GIS 软件。

2. 与后续项目的关系

农村土地承包经营权确权调查工作底图的制作完成，为后续土地确权工具的准备提供依据。

学习目标

1. 知识目标

（1）理解调查工作底图的制作流程；

（2）能够正确进行工作底图的识图。

2. 能力目标

（1）能够对工作底图的影像进行预处理；

（2）能够进行工作底图的影像判读及矢量化；

（3）能够进行工作底图的图幅整饰；

（4）会打印工作底图。

3. 素质目标

（1）提高绘图能力；

（2）增强守规范、精益求精的意识，具备保守秘密的意识；

（3）提高独立思考、自主学习、实践操作的能力；

（4）提高软件操作能力。

案例导入

"三调"调查信息提取及调查底图制作要求

第三次全国国土调查（简称"三调"）实施方案明确了土地利用现状调查和调查信息提取、调查底图制作要求，全国三调办组织在使用最新 DOM 的基础上，按照《第三次全国国土调查工作分类地类认定细则》，依据土地地块影像特征内业逐地块判读其土地利用类型，提取每一土地利用图斑特征。在判别时，对于影像特征无法明确判断为哪一种土地利用类型的情况，则提供与影像特征相符的两种不同土地利用类型选项。全国三调办在最新的 DOM、矢量图斑和地类信息基础上制作调查底图，下发地方供开展调查工作。在全国三调办制作的调查底图的基础上，各地方国土调查办公室可根据工作需要，结合相关资料和调查实际，进一步细化并提取图斑，进一步丰富调查底图内容。

任务布置

请同学们思考：调查的外业底图的绘制流程和技术规程。

任务分析

本次任务是资料收集的后续工作，主要指调查工作底图的制作，以矢量化软件（以 MAPGIS 6.7、比例尺 1∶2 000 为例），分步骤讲解。通过这次任务，可以让学生掌握调查工作底图的制作流程，并能制作一张符合要求的工作底图。

📖 **任务准备**

一、GIS 概述

1. GIS 的基本概念

GIS 又称地理信息系统（geographic information system），是集计算机科学、测绘遥感学、空间科学、环境科学、地理学等多学科于一体的边缘学科。它是在计算机软、硬件支持下，通过采集、检索、存储、管理、分析并描述地理空间数据，实时提供各种空间和动态的地理信息，并用于管理和决策过程的计算机系统。

2. GIS 的基本功能

①数据输入；②数据编辑；③数据存储与管理；④数据空间分析与查询；⑤数据可视化表达与输出。

二、MAPGIS 的制图流程

1. 文件设置及准备

二调系统库是绘图所采用的系统库，只有利用它，所绘制的图件才能正确显示并符合技术要求。在绘制图件之前需要对工作目录、矢量字库目录、系统库目录、系统临时目录进行设置。

2. 范围线的准备

打开 CAD 图，选择 gbcbig.shx，点击"确定"（清除多余图层 purge）。文件→另存为→选 DXF，关闭 CAD→在对话框中选择"否"，在 MAPGIS 6.7 中，选择图形处理、文件转换→I 输入→装入刚转化的 DXF→在选择不转出的图层中选"OK"→F 文件（换名存点，换名存线）。

注：在选择另存文件中选确定，在 MAPGIS 6.7 保存文件中，点击数据文件该名字。

3. 创建范围线的准备

打开分幅图→添加刚转换的换名存点文件和换名存线文件"WT"和"WL"→在编辑栏里的匹配前勾掉"√"→点击工具栏的 1∶1，使图可见（如果图不可见，则在"其他"中，整图变换，键盘输入参数里，点、线、面文件-37000000，保存换名存点、换名存线处于编辑状态）→勾选现状地物和地物界线使之处于编辑状态，采取自动建断线→创建范围线（新建线，输入新建文件名，选择所存目录）→使范围线与添加的"WL"处于编辑状态。

4. 创建范围线

选择要提取的范围线→在编辑栏里的"范围线"打钩，使其处于编辑状态→右键打开工具箱，选择"线模式"，选择"连接线"→按照需要框选住范围，在工具栏的"其它"中，选择"拷贝"，然后再选择"粘贴"，直到所要提取的线操作完毕→在"其它"中进行拓扑错误检查中的线拓扑错误检查，目的是检查线是否闭合。

5. 工程裁剪和造区

选择范围线，进行线转弧段（勾选范围线，然后在"其它"里进行线转弧段），命名并保存该区→添加该区→在"其它"中，选择拓扑重建，在编辑栏中保存该区，再删除文件→工程裁剪，即在"其它"中选择工程裁剪，在对话框中，选择要裁剪的文件"DLTB"，然后添加，选择全部，选择被裁剪工程，裁剪类型选择内裁，裁剪方式选择拓扑裁剪，装入裁剪框，开始裁剪，等待裁剪完退出，在保存文件的地方将文件重命名为"NDLTB"。→第二次工程裁剪，勾选范围线，选择造矩形，要在范围线稍微大一点的区域造闭合图形，进行线转弧段（勾选范围线，然后在"其它"里进行线转弧段），命名并保存该区→添加该区→在"其它"中，选择拓扑重建，在编辑栏中保存该区，再删除文件→工程裁剪，在工程裁剪对话框中，选"DLTB""DLJX""FUHAO""ZJ""XZDW"共五个，点击添加，选择全部，生成被裁剪工程→在参数中，裁剪类型选择内裁，方式选择拓扑裁剪，装入裁剪框，选择刚建的区文件，然后打开，然后开始裁剪，在右窗口中右键选"复位窗口"，然后退出，形成一个新的工程链接。

6. 图框线的制作

打开工程链接（新的），出现了"DLTB""DLJX""FUHAO""ZJ""XZDW"共五个文件，然后依次添加测量点、测量线、范围线、内地类图斑，形成九个文件，然后按照从上到下为面、线、点的方式进行排列→在工程文件处新建图框点和图框线，存放于指定位置→勾选范围线使之处于编辑状态，然后鼠标点击图幅的图框使之闪烁，然后复制此线粘贴到图框线里，保存所有文件。→关闭所有文件，打开图框线文件，点击图框线使之闪烁，然后以此线为标准，选择线中的造平行线→在对话框中选距离"40"，同时造平行线1对，然后删除三条线中最里面的那条→然后选择工具箱中的造线→在上面的坐标附近后，移动键盘的上下键，靠近坐标，然后造折线→选择线模式中的造平行线，间隔为200，造齐经线和纬线→选取自动剪断线后，去掉在图框外的线→根据经度和纬度进行，用点图元进行经线和纬线的标注（修改点参数、移动点、复制点、阵列点等功能）。

7. 图形整饰

①打开地类图斑和内地类图斑文件，勾选地类图斑，在C检查里找到工作区属性检查，在对话框中的属性结构里选择地类名称，删除不需要保留的图斑，即在属性内容里双击不保留的文件，然后点击删除区文件。②依次打开地物界线和现状地物使之处于编辑状态，然后用删除线功能删除线。③依次打开符号和注记使之处于编辑状态，用删除点功能删除不需要的点。④依次打开测量点和测量线使之处于编辑状态，在C检查里选择DXF层名，在属性内容里选择TK后依次用删除线和删除点删掉不需要的图框点和图框线，然后保存。

8. 造注释

①勾选图框点使之处于编辑状态，运用点图元命令编辑点图元，修改点参数的大小和位置，移动点图元。②造子图号，比如指北针，选择合适的大小并放到合适的位置。

9. 添加图签和图例

①将准备好的图签和图例复制到文件，再添加到工程文件中，进行重新排列（根据面、线、点从上到下的方式排列）。②勾选需要移动的图例，用鼠标框选图例，然后在" 其它 "里选择整块移动，用鼠标拖动图例的一角和图框的一角重合，注意，左手按住快捷键 F5 放大，右手移动鼠标使之重合。③勾选需要移动的图签，然后在" 其它 "里选择整块移动，用鼠标拖动图签面的一角和图框的一角重合，注意，左手按住快捷键 F5 放大，右手移动鼠标使之重合。图签的字体大小也可以根据需要进行修改。

10. 图片打印

在图片打印过程中，首先进入菜单栏的"工程输出"，选择"F 文件"中的"页面设置"，然后点击"R 光栅输出"并设置输出格式为 JPEG，系统将在指定文件夹生成所需打印的图片。在页面设置时，可以根据需求选择自定义幅面、系统自动检测幅面、按尺寸设置页面或按纸张大小设置幅面。对于工程矩形参数的调整，可以按住 Ctrl 键拖动工程图进行精确定位和缩放，调整完成后点击"确定"完成图片转换，最后在目标文件夹中找到生成的 JPEG 图片并执行打印操作。

三、MAPGIS 常用文件类型

CLP：裁剪工程文件。

CLN：工程图例文件。

TIN：三角剖分文件（二进制）。

PNT：误差校正控制点文件。

TIF：扫描光栅文件。

RBM：内部栅格数据文件。

WP：区文件。

WL：线文件。

WT：点文件。

DXF：AutoCAD 文件。

VCT：矢量字库文件。

LIB：系统库文件。

MPB：拼版文件。

MPJ：工程文件。

视频：调查工作底图的制作流程及规范

PPT：调查工作底图的制作流程及规范

任务实施

【任务 1-5】拟定一份农村土地承包经营权确权的调查工作底图的制作流程。

【任务 1-6】根据要求绘制一张简单的工作底图。

制作调查工作底图是整个确权工作中的重要一环，清晰、完整的工作底图有助于技术人员快速地进行地块的预判，反之则可能干扰调查人员，令其事倍功半，也会加大调查成果内容上图时的难度，降低工作效率。望城区某村的调查工作底图如图1-1所示。

图1-1　望城区某村的调查工作底图

调查工作底图制作流程大致可分为以下几个步骤：①影像预处理；②影像判读及矢量化；③图幅整饰；④打印工作底图。

下面以矢量化软件MAPGIS 6.7、比例尺1∶2 000为例，分步骤讲解。

1. 影像预处理

采用的具体参数为1∶2 000国家坐标系、高斯-克吕格投影、高斯-克吕格投影1.5度分带、采用第三次土地大调查之后的《土地利用现状分类》（GB/T 21010—2017），影像的预处理通常包括影像配准、坐标转换等具体操作。这些操作可参阅MAPGIS 6.7相关书籍，这里不做详细介绍。

2. 影像判读及矢量化

在矢量化开始前，应先设置矢量化参数，而MAPGIS 6.7通常为默认矢量化参数设置即可，这里采用行政界线设置矢量化范围。

在矢量化过程中，矢量化操作需要注意以下几点。

（1）在图上矢量线与影像图偏差应保持在0.2mm之内，在勾勒非直线及直角地块边界的时候，应根据实地要求保证图上地块边界线的圆滑度，遇到有一定弧度的田坎时，不能以直线代替，而应用一定圆滑度的曲线进行线连接，如图1-2所示。

（2）在系统绘制地块边界时，要重点考虑实地调绘结果，结合实地调绘成果和常识进行科学预判。例如，在遇到较宽田坎、道路或实地距离大于1m时，在操作中应用双线来表示，不能用一条线代替双线，这样才符合客观调查实际，如图1-3所示。

图 1-2　较圆滑的地块边界线

图 1-3　双线画出来的道路和田坎

（3）农村的田坎一般呈较规则的线形、圆弧形等形状，在绘图时田坎的交叉口应呈"十"字形或"丁"字形，根据绘图要求，微短线应尽量避免出现在交叉路口，如图 1-4 所示。

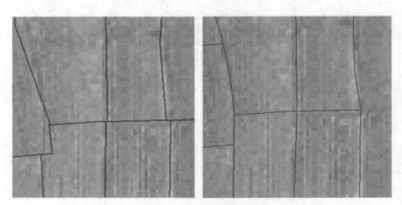

图 1-4　呈"十"字形或"丁"字形的田坎线

3. 图幅整饰

这一阶段主要是用 MAPGIS 6.7 在矢量化完成后进行线拓扑检查，经过剪断线、清除微短弧线等线操作修改至无误后进行拓扑造区，并在造好区上注出图斑编号和图斑面积等信息。图幅整饰要素及整饰要求如表 1-13 所示。

表 1-13　图幅整饰要素及整饰要求

图幅整饰要素	整 饰 要 求
图斑号	可以直接用 ID 号代替
图斑面积	把单位从平方米换算成"亩"后再标注
标注	采用分式注记，字体大小和颜色应清晰；以标注在图斑范围内且尽量不压线为前提，若压线，则应逐个调整

在图幅内容调整好后就需要制作图例（可拷贝已做好的文件）、图框（在 GIS 里绘制）。图例一般包含以下几项：行政界线、耕地和园地范围线、矢量化地块界线、地块分式注记，具体情况还需要根据项目基础数据情况而定，图例要素参数应与图面内容一致。表 1-14～表 1-16 所示为贵阳市农村土地承包经营权确权登记工作调查底图的具体参数。

表 1-14　图层分层

序号	图层名称	图层含义	几何特征	备　　注
1	XZQ	行政区	线/面	属性值依据土地利用数据库
2	CBD	承包地	线/面	属性值参考贵阳市农委数据库
3	GYDFW	耕园地范围	线/面	属性值参考贵阳市农委数据库，入库后再分层，这样可减轻数据处理工作量，减少图形文件个数
4	GYGYDFW	耕园地范围	线（填充）	
5	LQFW	林权范围	线/面	参考数据，林权范围内的地块不予确权
6	TK	图框	点/线/面	
7	TL	图例	点/线/面	

表 1-15　标注内容及要求

序号	图层名称	图层含义	数据类型	备　　注
1	CBDBZ	承包地编号与面积	char	形式：编号/面积
2	TK.WT	图框点文件	char	四邻行政村名称可放在 TK.WT 图层中

表 1-16　线文件参数要求（比例尺 1∶2 000）

序号	图层名称	图层含义	颜色	线型	全局宽度	备　　注
1	XZQ	行政区	黑色	县、区界：200 村界：208 乡镇界：204	3 1.5 2	200，1，3，50，100，0，0 208，1，1.5，50，80，0，0 204，1，2，50，100，0，0
2	CBD	承包地	黑色	连续	0.2	1，1，0.2，0，0，0，0
3	GYDFW	耕园地范围	黄色	连续	0.2	
4	GYGYDFW	国有耕园地范围	3 品红	连续	0.2	斜条纹填充
5	LQFW	林权范围	431	连续	0.2	
6	TK	图框	黑色			
7	TL	图例	黑色			

接下来就是制作图框，图框大小与打印纸张和分幅数目有关，具体以实际需要为依据。制作图框步骤如下。

第一步：打开 MAPGIS 6.7 主菜单，找到实用服务模块下的投影变化并打开，如图 1-5 所示。

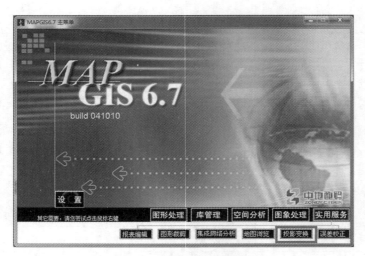

图 1-5　实用服务模块下投影变化

第二步：在菜单栏"文件"中选择好文件后点击"打开"，如图 1-6 所示。

图 1-6　打开文件

第三步：打开所需要编辑的文件，将图幅内容加载进来并调到窗口正中，如图 1-7 所示。

第四步：在菜单栏"系列标准图框"下找到鼠标生成矩形图框，如图 1-8 所示，选中后通过鼠标拖矩形框确定图框内图廓线范围。

第五步，用鼠标确定好图框范围后松开鼠标，会弹出"矩形图框参数输入"对话框，如图 1-9 所示。在参数设置中，将横向起始坐标值 X、纵向起始坐标值 Y、横向结束坐标值 X 和纵向结束坐标值均改为整数并调整为 5 的倍数，网线类型选择图廓内无网线，然后按照项

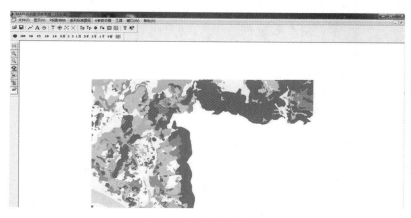

图 1-7　加载并调整图幅

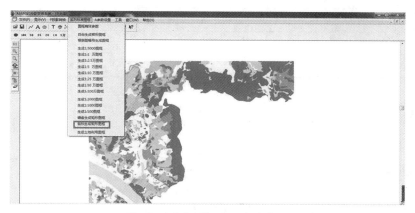

图 1-8　确定图框内图廓线范围

图 1-9　参数设置

目要求设置图幅参数、比例尺等，并在右下角"图框文件名"处设定保存路径及文件名，确定完毕，即完成图幅整饰。

4. 打印工作底图

完成图幅整饰，再添加图框和图例后即可以打印出图。重点应根据图幅大小对纸张大小进行设置，外业调查工作底图出图比例尺可适当放大，便于外业调查标注上图。

任务评价

任务完成情况评价与分析如表 1-17 所示。

表 1-17　任务完成情况评价与分析

序号	评价内容	自我评价	他人评价	评价分析	自我改进方案
1	工作态度				
2	分析问题能力				
3	解决问题能力				
4	创新思维能力				
5	任务结果正确度				

思考练习

一、判断题

（1）农村土地承包经营权确权工作底图制作采用 MAPGIS 6.7 时，在矢量化开始前，应先设置矢量化参数（通常为默认即可）、设置矢量化范围（行政界线）。（　　）

（2）农村土地承包经营权确权工作底图的影像预处理采用的具体参数为：高斯-克吕格投影、2 000 国家大地坐标系、高斯-克吕格投影 3 度分带。（　　）

二、思考题

1. 调查工作底图制作流程大致分为哪几个步骤？
2. 调查工作底图图例一般包含哪几项？

任务四　确权表单及工具准备

学习引导

前一个任务学习了农村土地承包经营权确权的工作底图的绘制，从任务四开始学习如何进行农村土地承包经营权确权的资料及工具准备。本任务基于项目生产过程介绍农村土地承包经营权确权的资料及工具，帮助学习者更好地巩固技能。

1. 学习前准备

（1）学习农村土地承包经营权确权的资料及工具有哪些；

（2）熟悉确权工作的表格填写。

2. 与后续项目的关系

农村土地承包经营权确权工具准备，为后续学习农村土地承包经营权确权，开展调查做好准备。

学习目标

1. 知识目标

（1）理解资料及工具准备包括哪些内容；

（2）学会表册、软件和硬件的准备和识别。

2. 能力目标

（1）能够列出农村土地承包经营权确权所需要的资料及工具清单；

（2）能够正确使用确权所需的工具。

3. 素质目标

（1）提高信息检索能力；

（2）增强爱岗敬业、科技自信意识，具有重保护、守安全的意识；

（3）提高独立思考、自主学习、实践操作的能力。

案例导入

长宁县召开农村土地承包经营权确权登记工作验收总结会

2020 年 3 月 12 日，长宁县召开农村土地承包经营权确权登记工作验收总结会，该县农业农村局、县财政局、技术监理公司、土地经营权确权公司参加总结会。会上，县农业农村局负责人对农村土地承包经营权确权登记工作进行了总结，通报了目前土地确权工作取得的成效：截至 2020 年 3 月，该县完成了 18 个乡镇、268 个村、2 062 个组、100 539 户确权登记，确权颁证到户率达 99.75%。目前确权工作开展顺利，确权相关技术已经成熟，技术问题已经基本解决，其成果已经广泛运用在县域国土空间、两区划定、城镇规划、乡村振兴等领域，省级专家组对该县农村土地承包经营权确权登记成果进行检查验收，认为确权成果达到优秀。总结会上，县财政局、确权公司、监理公司对目前所负责的土地确权的部分工作也做了相应的总结发言。确权公司对确权所采用的确权材料、表册、软件、硬件做了介绍，并对技术方案做了说明。相关单位一致认同会按时保质保量完成确权任务。

任务布置

请同学们思考：农村土地承包经营权确权应该准备哪些资料及工具？与任务一中的方案有何关系？

📖 任务分析

本次任务主要是对农村土地承包经营权确权登记颁证工作需要的资料及工具进行分析，要求列出使用的资料及工具清单。

📖 任务准备

一、农村土地承包经营权确权的资料及工具

（1）表册准备：相关表格包括发包方调查表、承包方调查表、承包地块调查表、调查信息公示表、承包经营权调查结果核实表、公示结果归户表、村承包经营方基本情况汇总表、村组承包地块汇总表、乡所辖发包方汇总表、乡农村土地承包经营权基本情况汇总表。

（2）工具准备：全球导航卫星系统接收器、全站仪、钢尺、电子水准仪等测量工具。

（3）软件和硬件：调查软件、数据库软件、土地承包管理软件、计算机、服务器等。

二、相关工具及软件介绍

1. 全球导航卫星系统接收器

全球卫星导航系统（Global Navigation Satellite System，GNSS），根据翻译不同，还可翻译为全球导航卫星系统，是使用卫星信号来确定用户接收机位置的系统。目前美国的 GPS 系统和俄罗斯的 GLONASS 系统处于完全运行状态，可以为全世界提供全球定位服务。此外，2019 年 9 月，中国的北斗系统正式向全球提供服务，在轨 39 颗卫星中包括 21 颗北斗三号卫星。2019 年 9 月 23 日，在西昌卫星发射中心用长征三号乙运载火箭，成功发射第 47、48 颗北斗导航卫星。2019 年 11 月 5 日，成功发射第 49 颗北斗导航卫星，12 月 16 日，成功发射第 52、53 颗北斗导航卫星。至此，所有地球轨道卫星全部发射完毕。2020 年 3 月 9 日，中国成功发射北斗系统第 54 颗导航卫星。GPS 系统随着科技进步也在不断升级和更新，以提供更多的信号和更精准的定位服务。

GNSS 分为三个主要部分：①空间段，由卫星或航天器（SV）组成，用于传输卫星导航电文；②控制段，指地面监测站和主控中心，用于收集伪距测量数据和大气层模型数据、跟踪卫星信号、提供导航信息更新、大气信息和校正信息以及进行卫星控制；③用户段是指 GNSS 接收机。

2. 国源农村土地承包经营权确权登记管理系统

国源农村土地承包经营权确权登记管理系统是目前在确权工作中使用较多的一种软件，目前行业中使用的系统大多是在现有软件的基础上开发的。国源农村土地承包经营权确权登记管理系统是在 GIS、DBMS 的基础上，引入工作流、表单定制、空间分析等技术，实现集外业数据采集入库、经营权登记管理、数据质检、土地流转管理、承包档案管理、土地纠纷仲裁管理、信访案件办理、数据统计分析于一体的县级农村土地承包经营权管理的信息平台。该系统可根据需要面向国家、省、市提交汇交成果，全面、科学、准确记录农村土地承

包经营权管理工作中的基本信息，有利于各级主管部门进行信息的汇总、查询和统计分析。

3. 全站仪

全站仪，全称为全站型电子测距仪，英文为 Electronic Total Station，是一种集光、机、电为一体的高技术测量仪器，集水平角和垂直角、斜距和平距、高差测量功能于一体。因一次安置全站仪就可完成该测站上全部测量工作，所以称之为全站仪。与光学经纬仪比较，其将人工光学测微读数代之以自动记录和显示读数，使测角操作简单化，且可避免读数误差的产生。全站仪广泛用于地上大型建筑、地下隧道施工、精密工程测量、变形监测等领域。全站仪具有距离测量、角度测量、三维坐标测量、导线测量、交会测量和放样测量等多种用途。内置专用软件后，功能还可进一步拓展。

 **任务实施**

【任务 1-7】列出农村土地承包经营权确权的资料及工具清单。

视频：农村土地承包经营权确权工具准备

PPT：农村土地承包经营权确权工具准备

一、表册

表册包括发包方调查表（见附表 1）、承包方调查表（见附表 2）、承包地块调查表（见附表 3）、调查信息公示表（见附表 4）、公示结果归户表（见附表 5）等。

二、工具

工具包括全球导航卫星系统接收器（见图 1-10）、全站仪（见图 1-11）、钢尺等。

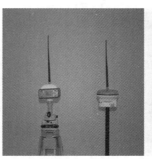

图 1-10　全球导航卫星系统接收器

三、软件和硬件

包括调查软件、数据库软件、土地承包管理软件、计算机、服务器等，各地采用的软件各不相同，但是大多是在已有的 CAD、Office 等软件上进行二次开发，这里不做详细说明。

图 1-11 全站仪

任务评价

任务完成情况评价与分析如表 1-18 所示。

表 1-18 任务完成情况评价与分析

序号	评价内容	自我评价	他人评价	评价分析	自我改进方案
1	工作态度				
2	分析问题能力				
3	解决问题能力				
4	创新思维能力				
5	任务结果正确度				

思考练习

一、判断题

（1）农村土地承包经营权确权所使用的软件包括调查软件和其他相关软件。 （   ）

（2）农村土地承包经营权确权所使用的软件有统一规定，各地软件一致。 （   ）

二、思考题

（1）农村土地承包经营权的表册包括哪些表？请简单列出 3 项。

（2）农村土地承包经营权的测绘工具包括哪些？请简单列出 3 项。

项目二　要素编码规则

任务一　发包方编码规则

学习引导

农村土地承包经营权要素编码是开展农村土地承包管理的基础工作，《农村土地承包经营权要素编码规则》对发包方、承包方、承包地块、承包合同和农村土地承包经营权证（登记簿）的编码都做了详细规定。前一个项目完成了农村土地承包经营权确权的准备工作，本项目将完成农村土地经营权确权的要素编码。任务一以"发包方编码规则"为依托，基于生产过程进行发包方的编码。

1. 学习前准备

（1）明确农村土地承包经营权要素编码的发包方的具体含义；

（2）学习农村土地承包经营权确权的发包方编码的要求。

2. 与后续项目的关系

农村土地承包经营权确权的发包方编码的学习，为承包方编码规则做准备。

学习目标

1. 知识目标

（1）理解农村土地承包经营权确权的发包方的代码结构；

（2）学会农村土地承包经营权确权的发包方的赋码规则。

2. 能力目标

能够使用发包方的代码结构结合编码方法进行编码。

3. 素质目标

（1）提高信息检索和使用能力；

（2）增强重规范、重服务、守清廉、守秘密的意识；

（3）提高独立思考、自主学习能力。

📖 **案例导入**

河南唤醒农村"沉睡的资本"

2013年，中共中央提出"用五年时间基本完成农村土地承包经营权确权登记颁证工作"的重大决策，河南省积极响应中央号召，从2014年开始，在全省开展农村土地承包经营权确权登记颁证试点工作，并于2015年全面开展这项工作。过去的数年间，全省先后培训动员51.12万人次，投入23.24亿元财政资金，为96.22%的应确权农户颁发了土地承包经营权证书，基本实现了农村土地承包经营权证书应发尽发。

确权的"成绩单"背后是庞大的工程与任务。据悉，土地承包经营权确权颁证包括入户调查、勘测定界、审核公示、归类存档等十多个连续与紧密衔接的环节。以土地承包经营权确权颁证勘测定界为例，它通过政府购买服务，由专业队伍承担测绘任务的方式进行。具体操作上，先用飞机拍摄清晰的航空影像图，根据航空影像图绘制调查工作底图，再由测绘人员及各村组党员、有威望的老人等在技术人员的带领下进行田间实地测量，将农户承包地四至、面积、位置等制作成调查图，并将地图和相关信息一一对应起来，让农户签字，经过公示后，确定最后结果，最后实现土地信息化。经过确权颁证后，农户的承包经营权得到法律保护。同时，农户承包地信息史上首次"入网"，现在只要打开电脑，在土地信息系统中输入一串发包方编码，通过信息就可以看到村民"张三"家的承包关系，具体包括有多少人、多少地、承包地的四至位置、土地归谁所有等；"李四"家的耕地类型、土地等级等信息也一目了然。通过确权登记颁证，承包地有了自己的"身份证"，农民吃了"定心丸"，村民的行为也得到了进一步规范。

📖 **任务布置**

请同学们思考：农村土地承包经营权确权方案的发包方编码规则，以及如何进行正确的编码。

📖 **任务分析**

本次任务主要是介绍确权发包方的编码规则，具体包括代码结构、编码方法和赋码规则。

📖 **任务准备**

1. 发包方

发包方，亦称发包机构，指以企业所有权代表的身份参与承包经营活动的一方。在土地承包经营活动中，发包方是发包行为的主体，它处于有利和主动的地位。发包方或发包机构的组建，是决定承包经营成败的首要因素，也是土地承包的第一步工作。在工程项目中，发包人有时也称业主、项目法人、发包单位、建设单位。

2. 编码

信息从一种形式、格式转换为另一种形式的过程，也称为计算机编程语言的编码。用预先规定的方法或形式将文字和数字、其他对象编成数码，或将信息和数据通过其他方式转换成规定的电脉冲信号。

3．代码

代码是一组由符号、字符或信号码元以离散形式表示信息的明确的规则体系。代码设计有如下原则：①容易修改；②扩充性与稳定性；③便于识别与记忆；④标准化和通用性；⑤力求短小与格式统一；⑥唯一确定性。

4．赋码

中国政府对产品实施统一电子监管措施，通过给每件产品赋予唯一的标识（监管码），使每件产品获得唯一监管码，类似商品的身份证，即"一件一码"，可从赋码上判读物品信息。

**任务实施**

【任务 2-1】绘制一份农村土地承包经营权确权发包方的代码结构图。

【任务 2-2】列出农村土地承包经营权确权发包方的代码组成及意义和要求。

视频：发包方编码规则

PPT：发包方编码规则

一、代码结构

发包方代码由县级段、乡级段、村级段、组级段这四段共计 14 位阿拉伯数字构成，每段代码代表不同的意义，发包方代码结构如图 2-1 所示。

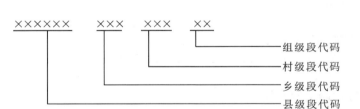

图 2-1　发包方代码结构

二、编码方法

发包方编码组成与方法如表 2-1 所示。

表 2-1　发包方编码组成与方法

代码结构分段	代码位数	代码意义及要求
第一段：县级段	6 位	表示县级及县级以上行政区，按 GB/T 2260—2007 的规定执行

续表

代码结构分段	代码位数	代码意义及要求
第二段：乡级段	3位	表示街道（地区）办事处、镇、乡，按 GB/T 10114—2003 的规定执行
第三段：村级段	3位	表示行政村或村集体经济组织，由所属乡镇编订
第四段：组级段	2位	表示村内各该农村集体经济组织或村民小组，代码从 01 开始，按升序编码，最多编至 99，由所属行政村编订

三、赋码规则

在发包方代码结构中，当村内农村集体经济组织或村民小组为发包方时，组级段代码范围为 01～99；当村集体经济组织或村民委员会为发包方时，组级段代码用"00"表示；当乡（镇）农村集体经济组织为发包方时，村级段代码和组级段代码分别用"000"和"00"表示。承包期内，发包方因行政区划调整、村组调整而变化时，发包方编码不变。

例如，望城区某乡镇某村某组的发包方代码信息如表 2-2 所示。

表 2-2　望城区某乡镇某村某组的发包方代码信息

县级名称	代码	乡镇名	代码
望城区	430112	×××	001
村名	代码	组名	代码
×××	001	×××	001

望城区发包方代码结构图如图 2-2 所示。

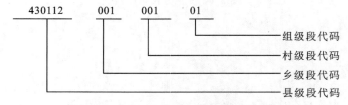

图 2-2　望城区发包方代码结构图

任务评价

任务完成情况评价与分析如表 2-3 所示。

表 2-3　任务完成情况评价与分析

序号	评价内容	自我评价	他人评价	评价分析	自我改进方案
1	工作态度				
2	分析问题能力				
3	解决问题能力				
4	创新思维能力				
5	任务结果正确度				

思考练习

一、判断题

(1) 在发包方代码结构图中，"×××"代表村级段代码。　　　　　　　　　　　　(　　)

(2) 在发包方代码结构图中，一共分为四段，14 位。　　　　　　　　　　　　(　　)

二、思考题

(1) 简要绘制农村土地承包经营权确权发包方的代码结构图。

(2) 简要叙述农村土地承包经营权确权发包方的代码组成及意义和要求。

任务二　承包方编码规则

学习引导

前一个任务完成了农村土地承包经营权确权的发包方编码，从任务二开始学习如何进行农村土地承包经营权确权的承包方编码。任务二以"承包方编码规则"为依托，基于生产过程对承包方的编码进行学习。

1. 学习前准备

(1) 明确承包方的农村土地承包经营权要素编码的具体含义；

(2) 学习农村土地承包经营权确权的承包方编码的要求。

2. 与后续项目的关系

农村土地承包经营权确权的承包方编码的学习，为承包方地块编码的学习做准备。

学习目标

1. 知识目标

(1) 理解农村土地承包经营权确权承包方的代码结构；

（2）学会农村土地承包经营权确权承包方的赋码规则。

2．能力目标

能够使用承包方的代码结构结合编码方法进行编码。

3．素质目标

（1）提高信息检索和使用能力；

（2）增强重规范、重服务、重质量的意识；

（3）提高独立思考、自主学习能力。

📖 案例导入

农村土地承包经营权确权登记数据库规范

根据《农村土地承包经营权确权登记数据库规范》，整理农村土地承包经营权确权登记的信息时，需保留承包方的基本信息和承包方家庭成员的信息以及权属资料，应包括承包合同的信息，对于存在流转关系的地区，还包括流转合同的信息。承包方信息应包括承包方的基本信息和承包方家庭成员的信息。承包方的基本信息应包括承包方的编码、类型、地址、邮政编码、成员数量，承包方代表姓名、证件类型、证件号码等信息，承包方调查过程中的调查员、调查日期、调查记事，以及公示过程中的公示记事、公示记事人、公示审核日期、公示审核人等信息，有条件的地区还可以收集承包方代表联系电话等信息。承包合同的信息应包括承包合同编码、发包方编码、承包方编码、承包方式、承包期起始日期、承包期终止日期、承包合同总面积、承包地块总数、签订时间以及合同的扫描件等，对于重新签订承包合同的地区还应包括原承包合同的编码。

📖 任务布置

请同学们思考：农村土地承包经营权确权方案的承包方编码规则及如何进行正确编码。

📖 任务分析

本次任务主要是介绍确权承包方的编码规则，具体包括代码结构、编码方法和赋码规则。

📖 任务准备

1．承包方

承包方是工程方面的词汇，承包方一般是承包项目的乙方。承包方与发包方是相对的。以土地承包经营权为例，例如：甲方有一块地需要找一个承包单位（乙方）来经营，甲方就得把这块地发包给乙方，甲方称为"发包方"，乙方承包该地，则称为"承包方"。

2．系列顺序码

系列顺序码，是用数字串代表一个汉字，常用的是国标区位码。顺序码的最大特点是无重码，但无规律难记忆。顺序码具有代码简短、使用方便、易于管理的特点，对分类对象无任何特殊规定，但是代码本身没有给出对象的其他信息。

系列顺序码是将顺序码分成若干段或系列,并一一与分类编码对象的分段相对应,给每段分类编码对象赋予一定的顺序码,因此它是一种特殊的顺序码。它主要用于对分类深度不大的分类对象进行编码。系列顺序码的优点大致与顺序码相同,即可以标识编码的一定属性和特征并提供某些附加信息;缺点是不适用于复杂的分类编码体系的编码,且当系列顺序码空码较多时不便于机器的处理。

 **任务实施**

【任务 2-3】绘制一份农村土地承包经营权确权承包方的代码结构图。

【任务 2-4】简述农村土地承包经营权确权承包方的代码组成及意义和要求。

视频:承包
方编码规则

PPT:承包
方编码规则

一、代码结构

承包方代码由发包方代码段和系列顺序码段两段 18 位阿拉伯数字组成,承包方代码结构如图 2-3 所示。

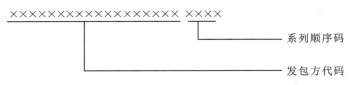

图 2-3 承包方代码结构

二、编码方法

承包方代码编辑方法如表 2-4 所示。

表 2-4 承包方代码编辑方法

代码结构分段	代码位数	编码方法及组成
第一段:发包方代码段	14 位	按照发包方编码规则进行编码
第二段:系列顺序码段	4 位	代码从 0001 开始,在发包方代码后按升序编码,最多编至 9999

三、赋码规则

在承包方代码结构中,第一段采用发包方编码赋码规则,由 14 位数字构成;第二段采用系列顺序码,由 4 位数字构成,具体划分为:0001～8000 表示本集体经济组织的农户,

8001～9000 表示本集体经济组织的个人及本集体经济组织以外的个人，9001～9999 表示本集体经济组织的单位及本集体经济组织以外的单位。承包期内，承包方的代表人或者单位名称发生变化的，承包方编码保持不变；增加承包方，新增承包方代码在原承包方代码最大顺序号后续编；承包方农村土地承包经营权全部灭失后，该承包方代码作废，作废代码不再赋予其他承包方。

望城区某承包方的代码信息如表 2-5 所示。

表 2-5　望城区某承包方的代码信息

第一段代码名称	代　码	第二段代码名称	代　码
发包方代码	43011200100101	系列顺序码	0001

承包方代码由两段 18 位阿拉伯数字组成，望城区承包方代码结构如图 2-4 所示。

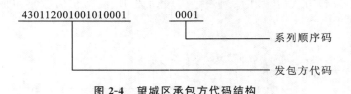

图 2-4　望城区承包方代码结构

任务评价

任务完成情况评价与分析如表 2-6 所示。

表 2-6　任务完成情况评价与分析

序号	评价内容	自我评价	他人评价	评价分析	自我改进方案
1	工作态度				
2	分析问题能力				
3	解决问题能力				
4	创新思维能力				
5	任务结果正确度				

思考练习

一、判断题

（1）在发包方代码结构图中，"××××"代表系列顺序码。　　　　　　　　　　（　　）

（2）在发包方代码结构图中，一共分为两段，18 位。　　　　　　　（　　）

二、思考题

（1）简要绘制农村土地承包经营权确权承包方的代码结构图。

（2）简要叙述农村土地承包经营权确权承包方的代码编辑方法。

任务三　承包地块编码

学习引导

前一个任务完成了农村土地承包经营权确权的承包方的编码，从任务三开始学习如何进行农村土地承包经营权确权的承包地块编码。任务三以"承包方地块编码"为依托，基于生产过程进行承包地块的编码学习。

1. 学习前准备

（1）明确农村土地承包经营权要素编码的承包地块的具体含义；

（2）学习农村土地承包经营权确权的承包地块的编码要求。

2. 与后续项目的关系

农村土地承包经营权确权的承包地块编码的学习，为承包合同和农村土地承包经营权证（登记簿）编码做准备。

学习目标

1. 知识目标

（1）理解农村土地承包经营权确权的承包地块的代码结构；

（2）学会农村土地承包经营权确权的承包地块的赋码规则。

2. 能力目标

能够使用承包地块的代码结构结合编码方法进行编码。

3. 素质目标

（1）提高信息检索和使用能力；

（2）增强重规范、科技自信、守安全的意识；

（3）提高独立思考、自主学习能力。

案例导入

不动产单元代码编制规则

不动产单元代码作为每个不动产单元的唯一标识码（即"身份证"），是不动产权籍调查、不动产登记、数据和业务流程管理的关键信息和重要纽带。2015 年 3 月，国土资源部（现为自然资源部）下发了《不动产单元设定与代码编制规则（试行）》。此后，针对各地在不动产单元编码中出现和反馈的各种问题，经过修改完善并细化的《不动产单元设定与代码编制规则》（GB/T 37346—2019）于 2019 年 10 月 1 日实施。

根据《不动产单元设定与代码编制规则》，对于土地承包经营权的不动产单元代码的编制，应保留原承包地块编码第一层次县级行政区划数字码，第二层次与第三层次分别代表的乡（镇）行政区划、村（行政村），则用地籍区、地籍子区来表示；在第四层、第五层增加了承包地块所依附的土地信息，包括宗地的特征码与宗地顺序号，不同的字母代表不同的信息，即宗地的特征码，第 1 位特征码代表的是土地所有权类型：表示国家土地所有权用"G"，表示集体土地所有权用"J"，表示土地所有权争议用"Z"；第 2 位宗地特征码代表的是承包地块的类型，表示土地承包经营权宗地（耕地）用"D"，表示土地承包经营权宗地（草地）用"F"。

📖 任务布置

请同学们思考：农村土地承包经营权确权方案的承包地块编码规则及如何进行正确的编码。

📖 任务分析

本次任务主要是介绍确权承包地块的编码规则，具体包括代码结构、编码方法和赋码规则。

📖 任务准备

发包方，亦称发包机构，指以企业所有权代表的身份参与承包经营活动的一方。在土地承包经营活动中，发包方是发包行为的主体，处于有利和主动的地位，发包方或发包机构的组建，是决定承包经营成败的首要因素，也是土地承包的第一步工作。在工程项目中，发包人有时称业主、项目法人、发包单位、建设单位。

📖 任务实施

【任务 2-5】绘制一份农村土地承包经营权确权承包地块的代码结构图。

【任务 2-6】简述农村土地承包经营权确权承包地块的分段及编码方法和组成。

视频：承包
地块编码

PPT：承包
地块编码

一、代码结构

承包地块代码由发包方代码段和系列顺序码段两段 19 位阿拉伯数字组成，承包地块代码结构如图 2-5 所示。

二、编码方法

承包地块代码的编辑方法如表 2-7 所示。

图 2-5 承包地块代码结构

表 2-7 承包地块代码编辑方法

代码结构分段	代码位数	编码方法及组成
第一段：发包方代码段	14 位	按照发包方编码规则进行编码
第二段：系列顺序码段	5 位	代码从 00001 开始，在发包方代码后按升序编码，最多编至 99999

三、赋码规则

在承包地块代码结构中，第一段采用发包方赋码规则；第二段代码赋码范围为 00001～99999。承包期内，承包地块的名称及地上作物类型等发生变化的，承包地块编码保持不变；承包地块界址发生变化，承包地块代码在相应的最大承包地块顺序码后续编，该承包地块代码作废，作废代码不再赋予其他承包地块。

望城区某承包地块的代码信息如表 2-8 所示，其代码结构如图 2-6 所示。

表 2-8 望城区某承包地块的代码信息

第一段代码	代 码	第二段代码	代 码
发包方代码	43011200100101	系列顺序码	00001

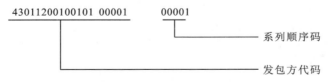

图 2-6 望城区某承包地块代码结构

 **任务评价**

任务完成情况评价与分析如表 2-9 所示。

表 2-9　任务完成情况评价与分析

序号	评价内容	自我评价	他人评价	评价分析	自我改进方案
1	工作态度				
2	分析问题能力				
3	解决问题能力				
4	创新思维能力				
5	任务结果正确度				

思考练习

一、判断题

(1) 在发包方代码结构图中，"××××××"代表系列顺序码。　　　　　　　　　（　　）

(2) 在发包方代码结构图中，一共分为两段，19 位数。　　　　　　　　　　　（　　）

二、思考题

(1) 简要绘制农村土地承包经营权确权承包地块的代码结构图。

(2) 简述农村土地承包经营权确权承包地块的代码编辑方法。

任务四　承包合同和农村土地承包经营权证（登记簿）编码

学习引导

前一个任务完成了农村土地承包经营权确权的承包地块的编码，从任务四开始学习如何进行农村土地承包经营权确权的承包合同和农村土地承包经营权证（登记簿）编码工作。任务四以"承包合同和农村土地承包经营权证（登记簿）编码"为依托，基于生产过程进行承包合同和登记簿的编码学习。

1. 学习前准备

(1) 明确承包合同和登记簿中农村土地承包经营权要素编码的具体含义；

(2) 学习农村土地承包经营权确权承包合同和登记簿的编码意义。

2. 与后续项目的关系

农村土地承包经营权确权的承包合同和农村土地承包经营权证（登记簿）编码的学习，为土地权属调查做准备。

学习目标

1. 知识目标

（1）理解农村土地承包经营权确权的承包合同和农村土地承包经营权证（登记簿）的代码结构；

（2）学会农村土地承包经营权确权的承包合同和农村土地承包经营权证（登记簿）的赋码规则。

2. 能力目标

能够使用承包合同和农村土地承包经营权证（登记簿）的代码结构结合编码方法进行编码。

3. 素质目标

（1）提高信息检索和使用能力；

（2）增强重规范、守清廉、守秘密、爱岗敬业的意识；

（3）提高独立思考、自主学习能力。

案例导入

河北颁发首批新版农村土地承包经营权证

2017 年 4 月 20 日，在河北省衡水市冀州区召开了河北省农村经营管理工作会议暨农村承包地确权登记颁证现场会，在会上，衡水市冀州区庄子头村 208 户村民拿到了首批新版土地承包经营权证。

作为该省 00001 号农村土地承包经营权证的获得者，村民魏九明心里乐开了花。他说："有了这证，我们就像吃了'定心丸'。今后可以放心地把土地流转出去了！"

工作人员对魏九明的农村土地承包合同和农村土地承包经营权证（登记簿）进行编码，证书代码、承包方家庭成员情况、承包地块总数、承包土地确权总面积及承包地块示意图等都被一一列出。他告诉记者："我的孩子都在外地工作，有了这个证，我下一步准备将土地流转出去，然后去帮衬孩子。"

河北省农业厅（现为农业农村厅）相关负责人介绍，相比原来的旧证四至不清、面积不精确、制作粗糙等缺点，此次颁发的新版土地承包经营权证，是根据确权后准确面积、方位打印出来的，不仅面积更准确、四至清晰，还有防伪标志、安全条，因此它更便于长期保存。

任务布置

请同学们思考：农村土地承包经营权确权方案的承包合同和农村土地承包经营权证（登记簿）编码规则及如何进行正确的编码。

任务分析

本次任务主要是介绍确权承包合同和农村土地承包经营权证（登记簿）的编码规则，具体包括代码结构、编码方法和赋码规则。

任务准备

1. 土地承包合同

土地承包合同是指承包和发包双方在经济活动中对土地约定的价格，由双方通过谈判，以合同形式确定。土地承包合同是确定发包与承包双方的权利与义务，并受法律保护的契约性文件。土地承包合同具有以下特点。

(1) 以完成一定的工作为目的：在土地承包合同中，承包方应按照与发包方约定的标准和要求完成工作，发包方主要目的是取得承包方完成承包工作后取得的成果。

(2) 完成工作的独立性：发包方与承包方之间订立承包合同，一般是建立在对承包人的能力、条件信任的基础上，只有承包人自己完成承包工作才符合定做人的要求。

(3) 土地的特定性：承包合同多属个别商定的合同，土地往往具有一定的特定性。

(4) 承包合同为诺成合同：承包合同的签订双方要约定承包和发包双方的权利与义务。

(5) 承包合同为有偿合同：承包合同的签订双方要约定有偿服务。

2. 农村土地承包经营权证

农村土地承包经营权证是农村土地承包合同生效后，国家依法确认承包方享有土地承包经营权的法律凭证。

中华人民共和国农业农村部令 2023 年第 1 号

《农村土地承包合同管理办法》已于 2023 年 1 月 29 日经农业农村部第 1 次常务会议审议通过，现予公布，自 2023 年 5 月 1 日起施行。

农村土地承包合同管理办法

第一章　总则

第一条　为了规范农村土地承包合同的管理，维护承包合同当事人的合法权益，维护农村社会和谐稳定，根据《中华人民共和国农村土地承包法》等法律及有关规定，制定本办法。

第二条　农村土地承包经营应当巩固和完善以家庭承包经营为基础、统分结合的双层经营体制，保持农村土地承包关系稳定并长久不变。农村土地承包经营，不得改变土地的所有权性质。

第三条　农村土地承包经营应当依法签订承包合同。土地承包经营权自承包合同生效时设立。承包合同订立、变更和终止的，应当开展土地承包经营权调查。

第四条　农村土地承包合同管理应当遵守法律、法规，保护土地资源的合理开发和可持续利用，依法落实耕地利用优先序。发包方和承包方应当依法履行保护农村土地的义务。

第五条 农村土地承包合同管理应当充分维护农民的财产权益，任何组织和个人不得剥夺和非法限制农村集体经济组织成员承包土地的权利。妇女与男子享有平等的承包农村土地的权利。承包方承包土地后，享有土地承包经营权，可以自己经营，也可以保留土地承包权，流转其承包地的土地经营权，由他人经营。

第六条 农业农村部负责对全国农村土地承包合同管理的指导。县级以上地方人民政府农业农村主管（农村经营管理）部门负责本行政区域内农村土地承包合同管理。乡（镇）人民政府负责本行政区域内农村土地承包合同管理工作。

第二章 承包方案

第七条 本集体经济组织成员的村民会议依法选举产生的承包工作小组，应当依照法律、法规的规定拟订承包方案，并在本集体经济组织范围内公示不少于十五日。承包方案应当依法经本集体经济组织成员的村民会议三分之二以上成员或者三分之二以上村民代表的同意。

承包方案由承包工作小组公开组织实施。

第八条 承包方案应当符合下列要求：

（一）内容合法；

（二）程序规范；

（三）保障农村集体经济组织成员合法权益；

（四）不得违法收回、调整承包地；

（五）法律、法规和规章规定的其他要求。

第九条 县级以上地方人民政府农业农村主管（农村经营管理）部门、乡（镇）人民政府农村土地承包管理部门应当指导制定承包方案，并对承包方案的实施进行监督，发现问题的，应当及时予以纠正。

第三章 承包合同的订立、变更和终止

第十条 承包合同应当符合下列要求：

（一）文本规范；

（二）内容合法；

（三）双方当事人签名、盖章或者按指印；

（四）法律、法规和规章规定的其他要求。

县级以上地方人民政府农业农村主管（农村经营管理）部门、乡（镇）人民政府农村土地承包管理部门应当依法指导发包方和承包方订立、变更或者终止承包合同，并对承包合同实施监督，发现不符合前款要求的，应当及时通知发包方更正。

第十一条 发包方和承包方应当采取书面形式签订承包合同。

承包合同一般包括以下条款：

（一）发包方、承包方的名称，发包方负责人和承包方代表的姓名、住所；

（二）承包土地的名称、坐落、面积、质量等级；

（三）承包方家庭成员信息；

（四）承包期限和起止日期；

（五）承包土地的用途；

（六）发包方和承包方的权利和义务；

（七）违约责任。

承包合同示范文本由农业农村部制定。

第十二条　承包合同自双方当事人签名、盖章或者按指印时成立。

第十三条　承包期内，出现下列情形之一的，承包合同变更：

（一）承包方依法分立或者合并的；

（二）发包方依法调整承包地的；

（三）承包方自愿交回部分承包地的；

（四）土地承包经营权互换的；

（五）土地承包经营权部分转让的；

（六）承包地被部分征收的；

（七）法律、法规和规章规定的其他情形。

承包合同变更的，变更后的承包期限不得超过承包期的剩余期限。

第十四条　承包期内，出现下列情形之一的，承包合同终止：

（一）承包方消亡的；

（二）承包方自愿交回全部承包地的；

（三）土地承包经营权全部转让的；

（四）承包地被全部征收的；

（五）法律、法规和规章规定的其他情形。

第十五条　承包地被征收、发包方依法调整承包地或者承包方消亡的，发包方应当变更或者终止承包合同。

除前款规定的情形外，承包合同变更、终止的，承包方向发包方提出申请，并提交以下材料：

（一）变更、终止承包合同的书面申请；

（二）原承包合同；

（三）承包方分立或者合并的协议，交回承包地的书面通知或者协议，土地承包经营权互换合同、转让合同等其他相关证明材料；

（四）具有土地承包经营权的全部家庭成员同意变更、终止承包合同的书面材料；

（五）法律、法规和规章规定的其他材料。

第十六条　省级人民政府农业农村主管部门可以根据本行政区域实际依法制定承包方分立、合并、消亡而导致承包合同变更、终止的具体规定。

第十七条　承包期内，因自然灾害严重毁损承包地等特殊情形对个别农户之间承包地需要适当调整的，发包方应当制定承包地调整方案，并应当经本集体经济组织成员的村民会议三分之二以上成员或者三分之二以上村民代表的同意。承包合同中约定不得调整的，按照其约定。调整方案通过之日起二十个工作日内，发包方应当将调整方案报乡（镇）人民政府和县级人民政府农业农村主管（农村经营管理）部门批准。乡（镇）人民政府应当于二十个工作日内完成调整方案的审批，并报县级人民政府农业农村主管（农村经营管理）部门；县级人民政府农业农村主管（农村经营管理）部门应当于二十个工作日内完成调整方案的审批。乡（镇）人民政府、县级人民政府农业农村主管（农村经营管理）部门对违反法律、法规和规章规定的调整方案，应当及时通知发包方予以更正，并重新申请批准。调整方案未经乡（镇）人民政府和县级人民政府农业农村主管（农村经营管理）部门批准的，发包方不得调整承包地。

第十八条　承包方自愿将部分或者全部承包地交回发包方的，承包方与发包方在该土地上的承包关系终止，承包期内其土地承包经营权部分或者全部消灭，并不得再要求承包土地。

承包方自愿交回承包地的，应当提前半年以书面形式通知发包方。承包方对其在承包地上投入而提高土地生产能力的，有权获得相应的补偿。交回承包地的其他补尝，由发包方和承包方协商确定。

第十九条　为了方便耕种或者各自需要，承包方之间可以互换属于同一集体经济组织的不同承包地块的土地承包经营权。

土地承包经营权互换的，应当签订书面合同，并向发包方备案。

承包方提交备案的互换合同，应当符合下列要求：

（一）互换双方是属于同一集体经济组织的农户；

（二）互换后的承包期限不超过承包期的剩余期限；

（三）法律、法规和规章规定的其他事项。

互换合同备案后，互换双方应当与发包方变更承包合同。

第二十条　经承包方申请和发包方同意，承包方可以将部分或者全部土地承包经营权转让给本集体经济组织的其他农户。承包方转让土地承包经营权的，应当以书面形式向发包方提交申请。发包方同意转让的，承包方与受让方应当签订书面合同；发包方不同意转让的，应当于七日内向承包方书面说明理由。发包方无法定理由的，不得拒绝同意承包方的转让申请。未经发包方同意的，土地承包经营权转让合同无效。

土地承包经营权转让合同，应当符合下列要求：

（一）受让方是本集体经济组织的农户；

（二）转让后的承包期限不超过承包期的剩余期限；

（三）法律、法规和规章规定的其他事项。

土地承包经营权转让后，受让方应当与发包方签订承包合同。原承包方与发包方在该土地上的承包关系终止，承包期内其土地承包经营权部分或者全部消灭，并不得再要求承包土地。

第四章　承包档案和信息管理

第二十一条　承包合同管理工作中形成的，对国家、社会和个人有保存价值的文字、图表、声像、数据等各种形式和载体的材料，应当纳入农村土地承包档案管理。县级以上地方人民政府农业农村主管（农村经营管理）部门、乡（镇）人民政府农村土地承包管理部门应当制定工作方案、健全档案工作管理制度、落实专项经费、指定工作人员、配备必要设施设备，确保农村土地承包档案完整与安全。发包方应当将农村土地承包档案纳入村级档案管理。

第二十二条 承包合同管理工作中产生、使用和保管的数据，包括承包地权属数据、地理信息数据和其他相关数据等，应当纳入农村土地承包数据管理。县级以上地方人民政府农业农村主管（农村经营管理）部门负责本行政区域内农村土地承包数据的管理，组织开展数据采集、使用、更新、保管和保密等工作，并向上级业务主管部门提交数据。鼓励县级以上地方人民政府农业农村主管（农村经营管理）部门通过数据交换接口、数据抄送等方式与相关部门和机构实现承包合同数据互通共享，并明确使用、保管和保密责任。

第二十三条 县级以上地方人民政府农业农村主管（农村经营管理）部门应当加强农村土地承包合同管理信息化建设，按照统一标准和技术规范建立国家、省、市、县等互联互通的农村土地承包信息应用平台。

第二十四条 县级以上地方人民政府农业农村主管（农村经营管理）部门、乡（镇）人民政府农村土地承包管理部门应当利用农村土地承包信息应用平台，组织开展承包合同网签。

第二十五条 承包方、利害关系人有权依法查询、复制农村土地承包档案和农村土地承包数据的相关资料，发包方、乡（镇）人民政府农村土地承包管理部门、县级以上地方人民政府农业农村主管（农村经营管理）部门应当依法提供。

第五章 土地承包经营权调查

第二十六条 土地承包经营权调查，应当查清发包方、承包方的名称，发包方负责人和承包方代表的姓名、身份证号码、住所，承包方家庭成员，承包地块的名称、坐落、面积、质量等级、土地用途等信息。

第二十七条 土地承包经营权调查应当按照农村土地承包经营权调查规程实施，一般包括准备工作、权属调查、地块测量、审核公示、勘误修正、结果确认、信息入库、成果归档等。

农村土地承包经营权调查规程由农业农村部制定。

第二十八条 土地承包经营权调查的成果，应当符合农村土地承包经营权调查规程的质量要求，并纳入农村土地承包信息应用平台统一管理。

第二十九条 县级以上地方人民政府农业农村主管（农村经营管理）部门、乡（镇）人民政府农村土地承包管理部门依法组织开展本行政区域内的土地承包经营权调查。土地承包经营权调查可以依法聘请具有相应资质的单位开展。

第六章 法律责任

第三十条 国家机关及其工作人员利用职权干涉承包合同的订立、变更、终止，给承包方造成损失的，应当依法承担损害赔偿等责任；情节严重的，由上级机关或者所在单位给予直接责任人员处分；构成犯罪的，依法追究刑事责任。

第三十一条 土地承包经营权调查、农村土地承包档案管理、农村土地承包数据管理和使用过程中发生的违法行为，根据相关法律法规的规定予以处罚；构成犯罪的，依法追究刑事责任。

第七章　附则

第三十二条　本办法所称农村土地，是指除林地、草地以外的，农民集体所有和国家所有依法由农民集体使用的耕地和其他依法用于农业的土地。

本办法所称承包合同，是指在家庭承包方式中，发包方和承包方依法签订的土地承包经营权合同。

第三十三条　本办法施行以前依法签订的承包合同继续有效。

第三十四条　本办法自 2023 年 5 月 1 日起施行。农业部 2003 年 11 月 14 日发布的《中华人民共和国农村土地承包经营权证管理办法》（农业部令第 33 号）同时废止。

任务实施

【任务 2-7】绘制一份农村土地承包经营权确权承包合同和农村土地承包经营权证（登记簿）的代码结构图。

【任务 2-8】简述农村土地承包经营权确权承包合同和农村土地承包经营权证（登记簿）的分段及编码方法。

视频：承包合同和农村土地承包经营权证（登记簿）编码

PPT：承包合同和农村土地承包经营权证（登记簿）编码

一、代码结构

承包合同和农村土地承包经营权证（登记簿）代码结构一致，均由两段承包方代码段共计 19 位阿拉伯数字和字母组成，其代码结构如图 2-7 所示。

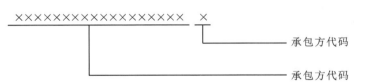

图 2-7　承包合同和农村土地承包经营权证（登记簿）代码结构

二、编码方法

承包合同和农村土地承包经营权证（登记簿）的编码方法如表 2-10 所示。

表 2-10　承包合同和农村土地承包经营权证（登记簿）的编码方法

代码结构分段	代码位数	编码方法及组成
第一段：承包方代码段	18 位	按照承包方编码方法进行编码
第二段：承包方代码段	1 位	用 1 位英文字母表示

三、赋码规则

在承包合同和农村土地承包经营权证（登记簿）代码结构中，第一段采用承包方编码赋码规则；第二段采用"J"表示家庭承包，采用"Q"表示其他方式承包。

承包期内，新增承包合同和农村土地承包经营权证（登记簿），其编码在承包合同和农村土地承包经营权证（登记簿）第一段（承包方代码）按最大顺序号续编；承包方农村土地承包经营权证（登记簿）全部灭失后，该承包合同和农村土地承包经营权证（登记簿）代码作废，作废代码不再赋予其他承包合同和农村土地承包经营权证（登记簿）。

望城区某地块的承包合同和承包经营权证（登记簿）代码信息如表 2-11 所示，其代码结构如图 2-8 所示。

表 2-11　望城区某地块承包合同和承包经营权证（登记簿）代码信息

第一段代码	代码	第二段代码	代码
承包方代码	430112001001010001	承包方代码	J

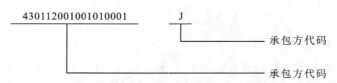

图 2-8　望城区某地块承包合同和承包经营权证（登记簿）代码结构

任务评价

任务完成情况评价与分析如表 2-12 所示。

表 2-12　任务完成情况评价与分析

序号	评价内容	自我评价	他人评价	评价分析	自我改进方案
1	工作态度				
2	分析问题能力				
3	解决问题能力				
4	创新思维能力				
5	任务结果正确度				

思考练习

一、判断题

（1）在承包合同和承包经营权证（登记簿）代码结构图中，"×"代表承包方代码。

（　　）

（2）承包合同和承包经营权证（登记簿）代码结构一共分为两段，19 位。　　（　　）

二、思考题

（1）简要绘制承包合同和承包经营权证代码的代码结构图。

（2）简述承包合同和农村土地承包经营权证（登记簿）的编码方法。

项目三　农村土地承包经营权确权土地权属调查

任务一　发包方调查

学习引导

前一个项目完成了农村土地承包经营权确权的编码工作，本项目将完成农村土地承包经营权确权的土地权属调查，从任务一开始学习如何进行农村土地承包经营权确权的发包方调查。任务一以"发包方调查"为依托，基于生产过程进行发包方调查的学习。

1. 学习前准备

（1）明确农村土地承包经营权的发包方的具体含义；

（2）学习农村土地承包经营权确权的土地调查的要求。

2. 与后续项目的关系

农村土地承包经营权确权的发包方调查的学习，为后续承包方调查做准备。

学习目标

1. 知识目标

（1）理解农村土地承包经营权确权的发包方调查的内容；

（2）学会农村土地承包经营权确权的发包方调查的情况处理。

2. 能力目标

（1）能够根据实际情况确定发包方；

（2）能够根据调查情况进行发包方调查情况处理。

3. 素质目标

（1）提高信息检索和使用能力；

（2）增强重规范、科技自信、文化自信的意识；

（3）提高独立思考、自主学习能力；

（4）提高遇到实际情况，灵活处理问题的能力。

案例导入

如何确定发包方

小明在进行农村土地承包经营权确权工作的发包方调查时，遇到了问题：土地确权的发包方是谁？

企业的技术人员回答：土地确权发包方负责人，根据土地所有权的归属不同，而有所不同。

根据《中华人民共和国农村土地承包法》第十三条：农民集体所有的土地依法属于村农民集体所有的，由村集体经济组织或者村民委员会发包；已经分别属于村内两个以上农村集体经济组织的农民集体所有的，由村内各该农村集体经济组织或者村民小组发包。村集体经济组织或者村民委员会发包的，不得改变村内各集体经济组织农民集体所有的土地的所有权。国家所有依法由农民集体使用的农村土地，由使用该土地的农村集体经济组织、村民委员会或者村民小组发包。

任务布置

请同学们思考：农村土地承包经营权确权方案的发包方的调查内容，以及如何确定发包方。

任务分析

本次任务主要介绍确权发包方的调查内容，以及如何确定发包方和遇到不同的调查情况应如何进行处理。

任务准备

一、发包方记事所包括的内容

（1）发包方调查表为发包方调查过程中现场填写的表格，要求每个发包方填写一份。

（2）发包方调查表中各栏目应填写齐全，不应空项。确属不填或空白的栏目，使用"/"符号填充。

（3）发包方调查表中的文字内容一律使用蓝/黑色墨水钢笔或签字笔填写，不得使用铅笔、圆珠笔等不利于档案保存的笔填写。填写文字一律采用国家标准文字，不得使用谐音字、国家未批准的简化字、缩写名称，文字应清晰易辨。

（4）发包方调查表分为发包方信息、调查记事、审核意见三部分，各部分以粗实线进行区隔。

二、发包方填写方法

（1）发包方名称：填写农村土地发包方的全称，填写要求从发包方所在乡镇的名称开始，填至乡镇、村（组）级、集体经济组织的具体名称。

（2）发包方编码：填写按 NY/T 2538—2014 编定的发包方编码。

（3）发包方负责人姓名/联系电话：填写发包方负责人的姓名、联系电话。

（4）发包方负责人地址/邮政编码：填写发包方负责人的通信地址及对应的邮政编码。

（5）发包方负责人证件类型/证件号码：选择负责人证件类型，在对应证件类型前画

"√"标识，填写相应证件类型的证件号码。选择"其他"证件类型的，需注明证件类型的具体名称，填写相应证件类型的证件号码。

 **任务实施**

【任务 3-1】列出农村土地承包经营权确权发包方的调查内容。

【任务 3-2】确定农村土地承包经营权确权发包方。

视频：发包方调查

PPT：发包方调查

一、发包方调查内容

发包方调查内容包括发包方的名称和负责人姓名、性别、地址、联系电话、证件号码、土地所有权情况及调查情况等，详见附表1。

二、确定发包方

以农村集体土地所有权确权登记发证成果和其他合法权属资料为基础，按以下情形确定：

（1）依法属于村农民集体所有的农村土地，发包方为村集体经济组织或者村民委员会；

（2）分别属于村内两个以上农村集体经济组织的农民集体所有的农村土地，发包方为村内各该农村集体经济组织或者村民小组；

（3）国家所有依法由农民集体使用的农村土地，发包方为使用该土地的农村集体经济组织、村民委员会或者村民小组。

三、调查情况处理

对发包方调查情况处理如下：

（1）承包合同生效后，集体经济组织发生分立或者合并的，发包方名称确定为分立或者合并后的集体经济组织名称，同时在发包方调查表"调查记事"栏注明分立或者合并前的集体经济组织名称；

（2）发包方名称发生变更的，确定为变更后的集体经济组织名称，同时在发包方调查表"调查记事"栏注明变更前的集体经济组织名称；

（3）承包合同生效后，发包方承办人或负责人发生变更的，负责人姓名为变更后的发包方负责人姓名，同时在发包方调查表"调查记事"栏注明变更前的负责人姓名。

 **任务评价**

任务完成情况评价与分析如表 3-1 所示。

表 3-1 任务完成情况与分析

序号	评价内容	自我评价	他人评价	评价分析	自我改进方案
1	工作态度				
2	分析问题能力				
3	解决问题能力				
4	创新思维能力				
5	任务结果正确度				

思考练习

一、判断题

(1) 在发包方调查中，不需要调查发包方的性别。 （   ）

(2) 依法属于村农民集体所有的农村土地，发包方为村集体经济组织或者村民委员会。

（   ）

(3) 国家所有依法由农民集体使用的农村土地，发包方为使用该土地的农村集体经济组织、村民委员会或者村民小组。 （   ）

二、思考题

(1) 在农村土地承包经营权确权的调查中，如何确定发包方？

(2) 在农村土地承包经营权确权的调查中，对有关发包方的调查情况如何处理？

任务二 承包方调查

学习引导

前一个任务完成了农村土地承包经营权确权的发包方调查工作，从任务二开始学习如何进行农村土地承包经营权确权的承包方调查。任务二以"承包方调查"为依托，基于生产过程进行承包方调查的学习。

1. 学习前准备

(1) 明确农村土地承包经营权的承包方的具体含义；

(2) 学习农村土地承包经营权确权的土地调查的要求。

2. 与后续项目的关系

农村土地承包经营权确权的承包方调查的学习，为后续承包地块调查做准备。

📋 学习目标

1. 知识目标

(1) 理解农村土地承包经营权确权的承包方调查的内容；

(2) 学会农村土地承包经营权确权的承包方调查的情况处理。

2. 能力目标

(1) 能够根据实际情况确定承包方代表；

(2) 能够根据调查情况进行承包方调查情况处理。

3. 素质目标

(1) 提高信息检索和使用能力；

(2) 增强重规范、重质量、守红线的意识；

(3) 提高独立思考、自主学习能力；

(4) 提高实际情况，灵活处理问题的能力。

📖 案例导入

承包方调查过程中确定土地承包经营权共有人情况

承包方调查过程中，如何确定土地承包经营权共有人？

可以以二轮土地承包为界进行划分：

二轮土地承包前，按照收集到的资料，以家庭成员为基础，参照现有家庭成员确定。在承包期内，承包方新增家庭成员，在确权过程中一并作为共有人进行登记，在备注栏标注"与户主关系"（配偶、子女、父母、祖父母、孙子女、兄弟、姐妹等）。

二轮土地承包后，属于农户的家庭成员迁入、迁出只能在一方作为共有人，并出具对方村组未作为共有人的证明。现有承包方家庭成员以户口本为基本依据进行登记。要按照国家规定规范填写，在备注栏标注"与户主关系"如本人、配偶、子女、父母、祖父母、孙子女、兄弟、姐妹等；特殊情况，例如迁出的外嫁女、大学生、现役军人、服刑人员也予以登记，但要进行标注。需要注意的是，承包方调查时，家庭承包户部分成员已是国家财政供养人员，不能确定为承包经营权共有人。

📖 任务布置

请同学们思考：农村土地承包经营权确权方案的承包方的调查内容、如何确定承包方（代表）及调查情况处理。

📖 任务分析

本次任务主要是介绍确权承包方的调查内容、如何确定承包方及遇到不同的调查情况如何进行处理。

任务准备

承包方调查的信息收集

农村土地承包采取农村集体经济组织内部的家庭承包方式，不宜采取家庭承包方式的荒山、荒沟、荒丘、荒滩等农村土地，承包地可以采取"招拍挂"（招标、拍卖、公开协商）等方式承包。农村土地承包后土地的所有权性质不变，承包地不得买卖。农村集体经济组织成员有权依法承包由本集体经济组织发包的农村土地。任何组织和个人不得剥夺和非法限制农村集体经济组织成员承包土地的权利。

承包方调查信息如下：①总体情况，包括土地面积、承包地块等级、匹至及区域概况、承包方编号及编码；②土地承包经营情况，包括土地承包方地址、邮编、种植作物情况与变化；③调查的承包方的证件、调查的依据和方式方法、取得方式；④调查的数据汇总，包括成员姓名、与户主的关系及身份证号码；⑤根据数据分析调查中的情况说明、调查记事和审核意见。

任务实施

【任务 3-3】列出农村土地承包经营权确权承包方的调查内容。

【任务 3-4】确定农村土地承包经营权确权承包方（代表）。

视频：承包方调查

PPT：承包方调查

一、承包方调查内容

（1）家庭承包的承包方调查内容包括：承包方（代表）的姓名、地址、证件类型及号码、联系电话以及农户家庭成员的姓名、证件号码等情况；其他方式承包的承包方调查内容包括承包方的名称（单位）或姓名（个人）、地址等情况；

（2）承包方土地承包经营权权属信息，包括有无土地承包合同及其合同编号；有无农村土地承包经营权证，其经营权证编号等信息。

二、确定承包方代表

承包方调查以收集到的农村土地承包方案、承包合同、承包台账、已经颁发的农村土地承包经营权证和其他合法权属资料为基础，农户家庭成员信息以户口簿和婚姻、户籍登记或证明资料为基础。承包方代表按以下情形确定：

（1）农村土地承包经营权证等证书上记载的人；

（2）未依法登记取得农村土地承包经营权证等证书的，为在承包合同上签字的人；

（3）前两项规定的人死亡、丧失民事行为能力或者因其他原因无法确认的，为农户成员推选的人。

确定承包方代表时填写承包方代表声明及授权委托书，其样式如下。

承包方代表声明及授权委托书

声明人：_____ ，身份证号码：_____ ，系_____县_____乡___村___组村民。为配合农村土地承包经营权确权登记颁证工作，本人就本承包方有关情况作如下声明。

（1）本承包方共有家庭成员_____等共计_____人。

（2）经本承包方全体家庭成员同意，本人作为本承包方代表参与本承包方农村土地承包经营权确权登记颁证工作。

（3）本人作为承包方代表对本承包方农村土地承包经营权调查指界结果、签署的相关文书是家庭全体成员自愿、真实意思的表示，愿承担相应的法律责任。

特此声明！

声明人（签章）：_____　　　　　　年　　　月　　　日

家庭成员（签章）：

（以下信息仅供承包方代表授权委托他人参加农村土地承包经营权确权登记颁证工作时填写）

委托方式：□现场委托　　□电话委托

承包方代表：_____；性别：_____；联系电话：_____；

家庭住址：_____；

身份证号码：_____；

被委托人：_____；性别：_____；联系电话：_____；

家庭住址：_____；

身份证号码：_____；

委托事项：因个人原因不能亲自办理本承包方农村土地承包经营权确权登记颁证相关手续，特委托被委托人作为本人的合法代理人，全权代表本人办理相关事项，对被委托人在办理上述事项过程中所签署的相关文件，我均予以认可，并承担相应的法律责任。

委托时限：自委托之日起至上述事项办完为止。

委托人签名：_____　　被委托人签名：_____

委托日期：_____年_____月_____日

（以下信息仅供采用电话委托方式时需填写）

通话时间：_____年_____月_____日_____时_____分

拨打电话：　　　　　　　　　接听电话：

被委托人（签章）：　　　　　　见证人（签章）

三、调查情况处理

承包合同生效后，农户内成员分家析产或合户的，按有关法律法规和政策进行处理，无异议后按分家析产或合户后的情况进行调查。

任务评价

任务完成情况评价与分析如表 3-2 所示。

表 3-2 任务完成情况评价与分析

序号	评价内容	自我评价	他人评价	评价分析	自我改进方案
1	工作态度				
2	分析问题能力				
3	解决问题能力				
4	创新思维能力				
5	任务结果正确度				

思考练习

一、判断题

（1）在承包方调查中，不需要调查农户家庭成员的姓名。   （　　）

（2）根据农村土地承包经营权证等证书上记载的人可以确定承包方代表。   （　　）

（3）未依法登记取得农村土地承包经营权证等证书的，在承包合同上签字的人可以确定为承包方（代表）。   （　　）

二、思考题

（1）在农村土地承包经营权确权的调查中，如何确定承包方代表？

（2）在农村土地承包经营权确权的调查中，对承包方的调查内容包括哪些？

任务三　承包地块调查

学习引导

前一个任务完成了农村土地承包经营权确权的承包方调查工作，从任务三开始学习如何进行农村土地承包经营权确权的承包地块调查。任务三以"承包地块调查"为依托，基于生产过程进行承包地块调查的学习。

1. 学习前准备

（1）明确农村土地承包经营权的承包地块的具体含义；

（2）学习农村土地承包经营权确权的土地调查的要求。

2. 与后续项目的关系

农村土地承包经营权确权的承包地块调查的学习，为后续学习调查表格的填写做准备。

学习目标

1. 知识目标

(1) 理解农村土地承包经营权确权的承包地块调查的内容；

(2) 确定调查的指界人及现场指界；

(3) 了解调查的基本原则。

2. 能力目标

(1) 能够根据实际情况绘制调查草图；

(2) 能够根据调查情况确定调查内容。

3. 素质目标

(1) 提高信息检索和使用能力；

(2) 增强重规范、重质量、重服务、守清廉、守红线的意识；

(3) 提高独立思考、团队协作能力；

(4) 提高遇到实际情况，灵活处理问题的能力。

案例导入

承包方调查过程中确定土地承包经营权共有人情况

承包方调查过程中，如何确定土地承包经营权共有人？

可以以二轮土地承包为界进行划分：

二轮土地承包前，按照收集到的资料的家庭成员为基础，参照现有家庭成员确定。在承包期内，承包方新增家庭成员，在确权过程中一并作为共有人进行登记，在备注栏标注"与户主关系"（配偶、子女、父母、祖父母、孙子女、兄弟、姐妹等）。

二轮土地承包后，属于农户的家庭成员迁入、迁出只能在一方作为共有人，并出具对方村组未作为共有人的证明。现有承包方家庭成员以户口本为基本依据进行登记。要按照国家规定规范填写，在备注栏标注"与户主关系"如本人、配偶、子女、父母、祖父母、孙子女、兄弟、姐妹等；特殊情况，例如迁出的外嫁女、大学生、现役军人、服刑人员也予以登记，但要进行标注。需要注意的是，承包方调查时，家庭承包户部分成员已是国家财政供养人员不能确定为承包经营权共有人。

任务布置

请同学们思考：农村土地承包经营权确权的承包地块的调查内容、如何确定调查内容并根据调查成果绘制草图。

任务分析

本次任务主要是介绍确权承包地块的调查范围、调查内容和指界人、如何进行现场指界、调查的原则与注意事项以及调查草图。

任务准备

一、承包地块及用途的处理

(一) 承包地块经营权与互换

根据 2018 年 12 月 29 日第十三届全国人民代表大会常务委员会第七次会议《关于修改〈中华人民共和国农村土地承包法〉的决定》第二次修正），农村土地承包采取农村集体经济组织内部的家庭承包方式，不宜采取家庭承包方式的荒山、荒沟、荒丘、荒滩等农村土地，可以采取招标、拍卖、公开协商等方式承包。农村土地承包后，土地的所有权性质不变。承包地不得买卖。承包期内，承包方可以自愿将承包地交回发包方。承包方自愿交回承包地的，可以获得合理补偿，但是应当提前半年以书面形式通知发包方。承包方在承包期内交回承包地的，在承包期内不得再要求承包土地。承包方之间为方便耕种或者各自需要，可以对属于同一集体经济组织的土地承包经营权进行互换，并向发包方备案。土地承包经营权互换、转让的，当事人可以向登记机构申请登记。未经登记，不得对抗善意第三人。

(二) 是否应确权登记的情况分析

1. 承包地块不得改变土地农业用途

承包地块只改变使用关系，不得改变其土地用途。对于农户未经国土部门批准，自行在承包土地上盖房或者改作宅基地及其附属设施或自行挖塘、开渠、修路、葬文的，仍按农用承包地进行登记，计入承包地面积。对其擅自改变土地农业用途的行为，由国土部门依法处理。农户经审批建房及其附属设施占用承包地的，不再列入确权登记范围。

2. 承包地被征、占用，需进行变更登记

承包地已被国家依法征用，而未办理土地承包经营权变更登记的，一律从承包土地地块和面积中减除，进行变更登记。例如，在已经登记的村组内新修公路、人行便道、塘库、渠堰、公益用房等生产公益事业占用的承包地，需从承包土地地块和面积中减杂。

3. 由农户自行耕种的征而闲置的耕地，不确权登记颁证

乡（镇）或村（居）在集体所有的土地上修建并管理的道路、水利设施用地分别属于乡（镇）或村（居）农民集体所有。例如，农户占用田间道路、沟渠、塘坝、库坝、河坝等耕种的土地不属于家庭二轮承包土地，不予确权登记。

4. 签订了二轮土地承包合同，应予确权登记

农户签订了二轮土地承包合同，就取得了该土地承包经营权，农户在自己承包土地上种植林木，虽然取得了林权证，但土地仍属承包耕地，应予确权登记，在备注栏说明。

任务实施

【任务 3-5】列出农村土地承包经营权确权承包地块的调查内容。

【任务 3-6】根据承包地块的调查内容绘制草图。

视频：承包地块调查

PPT：承包地块调查

一、调查范围

农村土地承包经营权调查以二轮承包台账、合同、证书为基本依据，调查对象主要为具有承包关系的土地，详见附表3。

二、调查内容

承包地块调查的内容包括：承包地块的名称、面积（包括合同面积与实测面积）、空间位置、四至、地块类别、承包方式、土地用途、土地利用类型及相关权利人情况，承包地块地力等级、组名、界址点号、界址点类型、界标类型、界址线类别、界址线位置等、是否基本农田等。

三、指界人

承包地块调查的指界人包括：发包方指界人、承包方指界人和毗邻承包地块或地物指界人。指界人可以是权利人本人，也可以是权利人的代理人。代理人进行指界时，应出示代理人的身份证和承包方代表声明及授权委托书。

发包方指界人为发包方代表或其代理人。承包方指界人和毗邻承包地块或地物指界人按以下原则确定：指界人应为具有完全民事行为能力的人；家庭承包的指界人为承包方代表或代理人；其他方式承包的指界人为承包单位法人代表、承包方本人或其代理人。单位法人代表进行指界时，应出示法人代表身份证明书和法人代表个人身份证明书。

四、如何进行现场指界

（一）指界通知

指界前调查员在乡镇、村组配合下，将调查时间、地点提前通知所调查地块的指界人共同到现场指界，指界人不能到现场指界的可由代理人凭授权委托书和代理人的身份证明书进行指界，详见图 3-1。

承包地块调查时，对指界人缺席或不在调查表上签字的，可按下面规定处理。

（1）如一方缺席，承包地块界线以另一方所指界线确定。

（2）如双方缺席，承包地块界线由调查人员根据现状及习惯确定。

（3）将现场调查结果及违约缺席指界通知书送达违约缺席者。违约缺席者对调查结果如有异议，须在收到调查结果之日起，15 日内重新提出划界申请，并承担重新划界的全部费用。逾期不申请者，则（1）、（2）两条确定的界线自动生效。

图 3-1 现场指界

（4）指界人认界后，无任何正当理由，不在承包地块调查表上签字盖章的，可参照缺席指界的有关规定处理。

（二）界址设立

承包地块以土地承包经营权界线为设立依据，界址的设立有着积极的作用：
（1）界址是实地的法律凭证，是处理土地面积和界线纠纷的依据；
（2）可防止权属调查、调查底图对界址点的判别差错，便于成果的实地检查；
（3）便于对地籍测量成果进行实地检查。
界址点设置的原则如下：
（1）界址点的设置能准确标示界址线的走向；
（2）相邻承包地块的界址线交叉处应设置界址点；
（3）承包地块依附于沟渠、道路、田坎等线状地物的交叉点应设置界址点；
（4）界址线类型发生变化时，变化处应设置界址点。

（三）界址点编号

地块调查表中的界址点编号以承包地块为单位，从西北角开始顺时针从 1 开始编号。大范围开展农村土地承包经营权调查时，可以按要求编制界址点临时编号或预编号，成果数据入库时，再生成界址点正式编号。

（四）界标设置

在条件允许的情况下，可现场设置界标。对于界线清晰无争议的地块，不需要现场设置界标。

（五）界址线标绘

地块界址线标绘参照表 3-3 农村土地承包经营权确权登记颁证成果图权属要素图式。叠加影像图后可选择与底图颜色反差较大的颜色。

表 3-3　农村土地承包经营权确权登记颁证成果图权属要素图式

序号	符号名称		符号	简要说明
1	界址点		○⋮⋮ 1.5	界址点符号以直径 1.5mm 的圆表示，以圆心为定位中心，线划宽度为 0.2mm
2	一般界址线		———— 0.2	在承包地块示意图中本承包地块界址线的线宽为 0.3mm，毗邻承包地块界址线的线宽为 0.2mm。地块分布图中所有地物界线的线宽为 0.2mm
	本承包地块界址线		———— 0.3	
3	地块分布图注记		辛振民 1.20 等线体（字大可调整）	地块分布图的注记大小可根据整个幅面的大小进行适当调整
	承包地块示意图注记	本地块	$\dfrac{2.20}{01006}$ 等线体（3.5）	采用 $\dfrac{a}{b}$ 的形式，其中 a 代表地块面积（单位为亩），b 代表地块编码的顺序码部分
		毗邻地块/地物	辛振民/中山路 等线体（2.4）	表示承包方（代表）姓名或地物名称。在承包地块示意图中与本地块相邻的所有地块或地物注记均采用统一的大小

五、调查原则及注意事项

　　农村土地承包经营权调查是对现有土地承包关系的进一步完善和确认，因此在确权工作中应坚持以确权确地为主，确地到户，掌握不确地的数量和范围，坚持农地农用的原则。在确权工作中要以现有承包台账、合同、证书为依据确认承包地归属，不能打乱重分已经承包地或收回农户承包地。对于农村土地承包经营权调查中相关政策性问题处理办法，可执行当地各级政府的政策文件。

六、调查草图

　　指界过程中调查员利用工作底图，标注地块的空间分布情况，按《农村土地承包经营权要素编码规则》的要求对承包地块赋缩略码（承包地块编码中的顺序码部分），并在工作底图上进行标注形成调查草图。调查草图除记录承包地块的信息外，还要重点反映对地块空间方位描述起关键作用的地物点、特征点等信息。

任务评价

任务完成情况评价与分析如表 3-4 所示。

表 3-4　任务完成情况评价与分析

序号	评价内容	自我评价	他人评价	评价分析	自我改进方案
1	工作态度				
2	分析问题能力				
3	解决问题能力				
4	创新思维能力				
5	任务结果正确度				

思考练习

一、判断题

（1）承包地块调查时，如双方缺席，承包地块界线由调查人员随机确定。　　　（　　）

（2）承包地块调查时，如一方缺席，承包地块界线以另一方所指线为准。　　　（　　）

（3）承包地块调查的指界人包括发包方指界人、承包方指界人和毗邻地块或地物的指界人。　　　　　　　　　　　　　　　　　　　　　　　　　　　　　　　　　　（　　）

二、思考题

（1）在农村土地承包经营权确权的调查中，调查承包地块时，界址点设置的原则是什么？

（2）在农村土地承包经营权确权的调查中，调查承包地块时，对指界人缺席或不在调查表上签字的情况该如何处理？

任务四　调查表格填写

学习引导

前一个任务完成了农村土地承包经营权确权的承包地块调查工作，从任务四开始学习如何进行农村土地承包经营权确权的调查表格填写。任务二以"调查表格填写"为依托，基于生产过程进行调查表格填写的学习。

1. 学习前准备

(1) 明确农村土地承包经营权调查表格的类型；

(2) 明确农村土地承包经营权调查表格的填写要求。

2. 与后续项目的关系

农村土地承包经营权确权的调查表格的填写要求，为农村土地经营权确权结果审核公示做准备。

学习目标

1. 知识目标

(1) 理解农村集体土地经营权确权的调查表格的内容；

(2) 能正确填写表格内容。

2. 能力目标

(1) 能够根据实际情况确定并填写调查表格；

(2) 能够根据调查情况进行情况处理并填写表格。

3. 素质目标

(1) 提高信息检索和使用能力；

(2) 增强重规范、有强烈的责任和服务意识；

(3) 提高独立思考、自主学习能力；

(4) 提高遇到实际情况，灵活处理问题的能力。

案例导入

填写农村土地确权登记表格的注意事项

2016 年土流网针对填写农村土地确权登记表格的注意事项做了说明，认为开展农村土地确权工作是为了完善二轮土地承包关系，为建立真实、规范的土地承包管理档案提供依据。填写农村土地确权登记表格时有哪些注意事项？土流网小编指出，在填表登记时要注意以下几项。

一、同一地块承包农户登记表（本表按地块填写，同一地块填写一张）

(1) 长和宽：长和宽要按实际测量的填写。

(2) 此表有顺序，一般在同一地块按由北向南、由东向西顺序逐户填写。

(3) 四至界线：用固定坐标，如东边（道路）、西边（张三）、南边（渠）、北边（李四）。逐户登记，如 1 号地块第一户张三、第二户李四，填表时按张三接李四的顺序填写。

(4) 附属地面积：为承包地块面积的其中数，只填面积，不填长和宽。

二、农村土地承包经营权登记信息申请表（本表按农户填写）

(1) 表内户主姓名、出生年月日填写要与户口本上的一致，发包方为村民小组。

(2) 与户主关系：依次填配偶、长子、次子、女、媳，不能填妻、子等，以此类推。

(3) 此表填写时没有分地的人不填入此表，死亡人口不填入此表。

(4) 承包总面积：承包地块面积合计数。

(5) 表内关系：承包总面积＝人均应分地亩数×分地人数＋附属地面积。

（6）承包起止日期：不填。

（7）承包地块信息：与同一地块登记表信息对应一致。

三、集体预留机动地和四荒资源情况记录表（机动地和四荒地要分别填表登记）

（1）登记地类：应填写机动地或四荒地。

（2）面积：应按实测面积填写。

（3）四至界线：按实填写。

（4）使用情况：填写招标、拍卖、公开协商等。

（5）使用者：填写承包者姓名。

任务布置

请同学们思考：农村土地承包经营权确权的各种表格的识别和信息的正确填写。

任务分析

本次任务主要是介绍发包方调查表、承包方调查表、承包地块调查表、农村土地承包经营权调查信息公示表、农村土地承包经营权公示结果归户表等表格的填写方法。

任务准备

土地承包经营权颁证工作是一项关乎亿万老百姓切身利益的大事，调查人员深入田间地头进行调查，需要村民积极响应和配合，在整个过程中需要填写大量的表格，很多表格都需要村民进行签字确认，这些表格包括：发包方调查表、承包方调查表、承包地块调查表、承包经营权调查结果核实表、承包经营权调查信息公示表、承包经营权公示结果归户表等共计13张表。

一、各表格之间的关系

各表格之间关系紧密，可以按照规范性、资料性的特点进行简单划分。发包方调查表、承包方调查表、承包地块调查表、承包经营权调查结果核实表、承包经营权调查结果公示表和承包经营权公示结果归户表，这6张表为规范性表，村组承包方基本情况调查表、村组承包地块汇总表等其他7张表为资料性表。发包方调查表、承包方调查表、承包地块调查表为调查性表，是基础表；承包经营权调查结果核实表、承包经营权调查信息公示表和承包经营权公示结果归户表为结果表；其余表格为汇总表。

二、相互对应关系

发包方含所有本发包方内的承包方及承包地块，是一对多关系，承包方对应各承包户的地块，承包方汇总数不超过发包方汇总数；承包户的所有承包地在发包方发包的范围内。

三、形成的先后关系

为梳理和解决纠纷，应在清查摸底阶段根据二轮承包合同等相关资料填写发包方调查表和承包方调查表。在调查阶段填写承包地块调查表，然后对摸底和调查情况进行审核，形成承包经营权调查结果核实表，进一步审核，形成承包经营权调查信息公示表，经公示无异议并经承包农户确认后，制作承包经营权公示结果归户表。

任务实施

【任务 3-7】根据实际调查情况填写发包方调查表、承包方调查表、承包地块调查表、农村土地承包经营权调查信息公示表、农村土地承包经营权公示结果归户表等表格。

在进行发包方调查、承包方调查及承包地块调查时，填写或由计算机打印输出发包方调查表、承包方调查表、承包地块调查表、农村土地承包经营权调查信息公示表、农村土地承包经营权公示结果归户表、农村土地承包经营权入户摸底调查表、农村土地（耕地）承包合同。

调查表格填写做到事实记述详细，记录内容工整清晰，不得随意涂改，划改处加盖村委会公章。

表格样式及需填写内容、填写说明见附表 1 至附表 7。

视频：调查表格填写

PPT：调查表格填写

任务评价

任务完成情况评价与分析如表 3-5 所示。

表 3-5　任务完成情况评价与分析

序号	评价内容	自我评价	他人评价	评价分析	自我改进方案
1	工作态度				
2	分析问题能力				
3	解决问题能力				
4	创新思维能力				
5	任务结果正确度				

思考练习

在农村土地承包经营权确权时，要填写哪些调查表格？请至少列出五种。

项目四　农村土地承包经营权确权结果审核公示

任务一　公示程序

📖 学习引导

前一个项目完成了农村土地承包经营权确权的土地权属调查工作，本项目将完成农村土地承包经营权确权的公示及勘误修正与确认工作，从任务一开始学习如何进行农村土地承包经营权确权结果的公示。任务一以公示程序为依托，基于生产过程进行公示程序的学习。

1. 学习前准备

(1) 明确农村土地承包经营权确权公示的意义；

(2) 学习土地确权的公示过程和程序。

2. 与后续项目的关系

农村土地承包经营权确权的公示程序，为后续勘误修正与确认工作做准备。

📖 学习目标

1. 知识目标

(1) 理解农村土地承包经营权确权公示的主要内容；

(2) 学会农村土地承包经营权确权审核公示的要点及相关资料的准备。

2. 能力目标

(1) 能够根据确权结果进行公示；

(2) 能够明确公示的要点并根据需要进行资料准备。

3. 素质目标

(1) 提高信息检索和使用能力；

(2) 增强重规范、重服务意识，要有泥土精神；

(3) 提高遇到实际情况，灵活处理问题的能力。

📖 案例导入

土地确权公示

奉节网讯（通讯员　丁玉雪）"这是相关公示资料，确认无误就在这儿签字确认，有出入的地方提出来大家一起商讨……"在竹园镇邓坪村，土地确权公示工作正有条不紊地进行，技术人员正在指导和引导村民一项一项核实土地数据。

在竹园镇土地确权工作领导小组的统筹下，通过近 6 个月的努力，在第三方作业组和村两委的配合下，竹园镇已完成土地确权前期调查摸底及资料收集、绘图、现场指界等工作，目前，17 个村（社区）已正式启动公示程序。

为充分尊重事实，确保农民权益，竹园镇 17 个村（社区）以社为单元，分社通知、召集农户对公示图和公示表进行核实，逐一签字确认，作为最终确权的依据；同时镇纪委 24 小时接听群众举报电话，不定期深入各村（社区）进行抽查。

目前，竹园镇 5 个村（社区）已启动土地确权公示工作，其余村（社区）也将在作业组的指导下有序推动此项工作。

📖 任务布置

请同学们思考：农村土地承包经营权确权的公示程序、审核要点及资料准备。

📖 任务分析

本次任务主要介绍土地承包经营权确权的公示阶段应公示的主要内容、审核公示的要点及相关资料的准备。

📖 任务准备

调查完毕制作完地籍草图后就进入了公示审核阶段。这一阶段是由村、组土地承包经营权登记工作组审核地籍草图后，在村、组公示。公示的地点一般选在村民相对集中的村部，召开完村委会后就在村务公开栏上公示每户村民的土地承包经营权，确权的技术人员对公示中农户提出的异议要准确翔实地记录，并及时进行核实、修正，修改后的成果将再次进行公示和反馈。公示无异议的，由农户签字确认后作为承包土地地籍图，由村、组上报乡（镇）人民政府。乡（镇）人民政府汇总并核对后上报县（市、区）级人民政府，最终形成成果并信息化。

📝 任务实施

【任务 4-1】列出农村土地承包经营权确权公示的要点。

【任务 4-2】确定农村土地承包经营权确权调查信息公示表的主要内容。

经过外业调查，表格填写完成之后即进入公示阶段，这一阶段主要是在农户面前公示前面阶段调查成果，对有错误的信息进行勘误。按照规定，公示次数不少于 2 次，每次不少于 7 天。

视频：公示程序

PPT：公示程序

一、调查信息公示表

以发包方调查表、承包方调查表、承包地块调查表和地块测量结果为依据，以发包方为单位按承包方顺序逐地块公示调查结果，形成农村土地承包经营权调查信息公示表（见附表 4）。调查信息公示表的主要内容包括承包方家庭成员及承包地块情况。

二、审核公示

将地块分布图和调查信息公示表交由村、组干部审核，审核通过后在地块分布图所涉及的集体经济组织范围内按要求进行张榜公示，公示期限不少于 7 天。第一次公示的要点如表 4-1 所示。

表 4-1　第一次公示的要点

公示次数	公 示 要 点
第一次	公示表、鱼鳞图、宗地图都要公示（公示时间不少于 7 天），并逐户上门由农户核对并签字确认，对提出登记有误的进行纠正，纠正后由农户签字确认

任务评价

任务完成情况评价与分析如表 4-2 所示。

表 4-2　任务完成情况评价与分析

序号	评价内容	自我评价	他人评价	评价分析	自我改进方案
1	工作态度				
2	分析问题能力				
3	解决问题能力				
4	创新思维能力				
5	任务结果正确度				

思考练习

一、判断题

（1）农村土地承包经营权确权调查信息公示一般公示一次即可。　　　　　　（　　　）

（2）农村土地承包经营权确权调查信息公示一般至少公示 7 天。　　　　　　（　　　）

（3）农村土地承包经营权确权调查信息公示一般应公示公示表、鱼鳞图、宗地图。

（　　　）

二、思考题

（1）在农村土地承包经营权确权公示阶段的第一次公示中，公示的要点有哪些？

（2）在农村土地承包经营权确权的公示阶段第一次公示中，调查信息公示表的主要内容包括哪些？

任务二　勘误修正与确认

学习引导

前一个任务完成了农村土地承包经营权确权公示的学习，本任务将完成农村土地经营权确权的勘误修正与确认工作，任务二以勘误修正与确认为依托，基于生产过程进行公示结果的勘误修正与确认的学习。

1. 学习前准备

（1）明确农村土地承包经营权确权的公示阶段中勘误修正与确认的意义；

（2）学习土地调查的公示过程和程序。

2. 与后续项目的关系

农村土地承包经营权确权的勘误修正与确认，为后续农村土地承包经营权的数据库建设和信息系统建设做准备。

学习目标

1. 知识目标

（1）理解农村土地承包经营权确权的勘误修正的主要内容；

（2）掌握农村土地承包经营权确权的勘误修正后公示的时限。

2. 能力目标

（1）能够根据村民提出的要求进行勘误修正；

（2）能够掌握第二次公示的工作要点并进行操作。

3. 素质目标

（1）提高信息检索和使用能力；

（2）增强重服务、守秘密的意识，拥有爱岗敬业的精神；

（3）提高遇到实际情况，灵活处理问题的能力；

（4）提高与人沟通的能力。

案例导入

确权成果需勘误修正与确认备案登记

根据农业部等六部门《关于开展农村土地承包经营权登记试点工作的意见》（农经发〔2011〕2号）关于"开展土地承包经营权变更、注销登记"的有关规定。在建立健全土地承包经营权登记簿的基础上，适时开展土地承包合同变更、解除和土地承包经营权变更、注销等工作，并对土地承包经营权证书进行完善，变更或者补换发土地承包经营权证书。承包期内，因下列情形导致土地承包经营权发生变动或者灭失，根据当事人申请，县（区、市）

农村土地承包管理部门依法办理变更、注销登记，并记载于土地承包经营权登记簿：一是因集体土地所有权变化的；二是因承包地被征占用导致承包地块或者面积发生变化的；三是因承包农户分户等导致土地承包经营权分割的；四是因土地承包经营权采取转让、互换方式流转的；五是因结婚等原因导致土地承包经营权合并的；六是承包地块、面积与实际不符的；七是承包地灭失或者承包农户消亡的；八是承包地被发包方依法调整或者收回的；九是其他需要依法变更、注销的情形。试点期间，凡申请登记，变更、注销土地承包经营权的，县（区、市）农村土地承包管理部门应当对涉及的每宗承包地块实测确认，并向申请方提供书面证明；对农村二轮土地承包登记簿登记错误等原因，造成登记面积、四至、空间位置与承包地实际情况不符的，应依据农村集体土地确权登记中查实的农户土地承包正确信息，在不改变农村土地二轮承包关系的前提下，依法办理农户家庭土地承包经营权变更登记手续，对土地承包经营权登记簿进行备案登记，登记完后再次进行公示。

任务布置

请同学们思考：农村土地承包经营权确权的勘误修正工作该如何做。

任务分析

本次任务主要介绍对公示过程中发包方和承包方提出的异议，调查员配合确权登记颁证工作组及时核实、修正，并再次公示。

任务准备

一、土地权属争议的处理

（1）个人与个人之间、个人与单位之间发生的争议案件，可以由当事人申请，由乡级人民政府受理并处理。在此基础上，如果存在单位与单位之间发生的争议案件，则该权属争议由争议土地所在地的县级自然资源行政主管部门调查处理。

（2）下列案件由设区的市、自治州自然资源行政主管部门调查处理：①跨县级行政区域的争议案件；②同级人民政府、上级国土资源行政主管部门交办或者有关部门转送的争议案件。

（3）下列争议案件由省、自治区、直辖市自然资源行政主管部门调查处理：①跨设区的市、自治州行政区域的争议案件；②争议一方为中央国家机关或者其直属单位，且涉及土地面积较大的争议案件；③争议一方为军队，且涉及土地面积较大的争议案件；④在本行政区域内有较大影响的争议案件；⑤同级人民政府、自然资源部交办或者有关部门转送的争议案件。

（4）下列争议案件由自然资源部调查处理：①国务院交办的争议案件；②在全国范围内有重大影响的争议案件。

视频：勘
误修正与
确认

PPT：勘
误修正与
确认

二、争议处理原则

1. 从实际出发，尊重历史的原则

土地权属争议多数是因历史遗留下来的问题所引起的，这种情况在集体经济组织之间的土地权属关系中十分常见。这些争议的普遍特点是土地占有现状缺乏权属依据或者权属依据难以证明。处理这类纠纷，应当从历史出发，摸清争议土地的历史发展变化，查明引起变化的事实背景和当时的政策依据，确定争议产生的原因，以合理划定地界、确定权属。

引起这类争议的主要原因有：

（1）历史上乡、村、社、队、场因合并、分割、改变隶属关系等行政建制变化遗留的权属未定、权属不清；

（2）因过去的土地开发、征地退耕、兴办或停办企事业、有组织移民形成的权属不清；

（3）因过去无偿占用或"一平二调"造成的权属争议；

（4）地界不明，包括过去无偿划拨荒山、荒地时未计算面积和划定地界，历史上无地界标志或地界标志不明，新划地界不清或不合理，兴修水利、平整土地、开荒、更改河道等造成地界变化等情形。

2. 现有利益保护的原则

土地权属争议处理前，土地权利处于不确定状态，因此，在土地所有权和使用权争议解决之前，任何一方不得改变土地现状，不得破坏土地上的附着物，争议双方应本着保护现有利益的原则，不得有任何破坏土地资源、阻挠争议解决的行为。

在涉及历史原因的集体土地争议中，如历史事实不清、相关证据或政策依据不明，应以土地实际占有的现状为依据确定土地的权属关系。在国有土地因重复征用或重复划拨引起的土地争议中，也应本着"后者优先"的原则，按土地利用现状确定权利归属。

3. 诉讼解决以行政处理为前置的原则

土地确权是一项政策性和技术性较强的工作，政府土地行政主管部门因对本行政区的土地状况比较了解，在处理土地权属纠纷中占有很重要的地位。对发生的争议，政府能从实际出发，尊重历史，面对现实，以法律法规和土地管理规章为依据，及时、公正地解决土地权属纠纷。

因此，土地权属争议的解决，应先采用行政处理的方式，只有对行政处理不服，当事人才可以向人民法院起诉。当事人直接向人民法院提起诉讼的，人民法院不予受理。

任务实施

【任务4-3】农村土地承包经营权确权的第二次公示阶段的工作要点。

【任务4-4】农村土地承包经营权确权的结果确认如何进行。

一、勘误修正

对公示过程中发包方和承包方提出的异议，调查员配合确权登记颁证工作组及时进行核实、修正，并再次进行公示，公示期限不少于 7 天，第二次公示的要点详见表 4-3。

表 4-3 第二次公示的要点

公示次数	公示要点
第二次公示	对第一次公示纠正后的公示表、鱼鳞图（不带影像）、宗地图再次进行公示（公示时间不少于 7 天），如发现错误需及时进行勘误修正，纠正后由农户签字确认

二、结果确认

第二次公示无异议的，根据调查和公示结果以承包方为单位制作公示结果归户表（见附表 5），由发包方、承包方（代表）进行签章确认。由承包方（代表）填写农村土地承包经营权确权登记颁证申请书（见附表 9），由发包方及所在乡镇负责人审核签章。

任务评价

任务完成情况评价与分析如表 4-4 所示。

表 4-4 任务完成情况评价与分析

序号	评价内容	自我评价	他人评价	评价分析	自我改进方案
1	工作态度				
2	分析问题能力				
3	解决问题能力				
4	创新思维能力				
5	任务结果正确度				

思考练习

一、判断题

（1）农村土地承包经营权调查信息在公示过程中对发包方和承包方提出的异议，调查员配合确权登记颁证工作组及时进行核实、修正，可以不再进行公示。　　　　（　　　）

（2）农村土地承包经营权调查信息公示一般至少公示 7 天。　　　　（　　　）

（3）农村土地承包经营权调查信息公示，对于第一次公示有异议的，如发现错误需及时进行勘误修正，纠正后由农户签字确认。 （　　）

二、思考题

（1）在农村土地承包经营权确权的公示阶段第二次公示中，公示的要点包括哪些？

（2）在农村土地承包经营权确权的公示阶段第二次公示中，对公示结果无异议的，调查员该如何操作？

项目五　数据库和信息系统建设

任务一　数据库建设

学习引导

前一个项目完成了农村土地承包经营权确权的公示及信息勘误修正与确认工作，本项目将完成农村土地承包经营权确权的数据库和信息系统建设，从任务一开始学习如何进行农村土地承包经营权确权的数据库建设（简称"建库"）。任务一以数据库建设为依托，基于生产过程进行数据库的内容、技术要求、建库的主要步骤及审查要点的学习。

1. 学习前准备

（1）明确农村土地承包经营权的建库意义；

（2）学习数据库建设的技术要求。

2. 与后续项目的关系

农村土地承包经营权确权的数据库建设的学习，为后续信息系统建设做准备。

学习目标

1. 知识目标

（1）理解农村土地承包经营权确权的数据库建设的主要内容、技术要求；

（2）学会农村土地承包经营权确权的数据库建设的主要步骤。

2. 能力目标

（1）能够根据农村土地承包经营权确权的结果进行数据库建设；

（2）能够根据农村土地承包经营权确权的结果进行数据库的质量检查。

3. 素质目标

（1）提高信息技术学习和使用能力；

（2）增强重规范和创新意识，具有吃苦耐劳的精神；

（3）提高遇到实际情况，灵活处理问题的能力。

案例导入

淮南市召开农村土地承包经营权确权登记颁证工作

2017 年 2 月 15 日，淮南市确权办召开了下辖县、区工作会议，会上传达了安徽省确权办《关于认真做好农村土地承包经营权确权登记颁证省级检查验收反馈问题整改工作的通知》的工作要求和省委信长星副书记的讲话精神，确权办负责人细致地分析了目前全市确权工作存在的问题，并指出了下一步确权工作攻坚难点，明确下辖县、区问题整改时间节点和工作重点，确权办负责人要求确权技术单位立即开展整改并按时完成确权任务。2017 年 3 月 13 日，沈强书记、王崧副书记对确权工作再次做出指示，市确权办再次召开下辖县、区负责人工作会议，对整改情况进行通报，要求确权整改工作要进行全面汇报，负责人要调度、督促确权单位的进度，并要求将确权的整改情况及进度安排及时上报市确权办。2017 年 5 月 17 日，王崧副书记在寿县针对确权工作再次召开了农村土地确权问题整改工作与推进会，会上王崧副书记要求各县区要借鉴寿县的经验，根据该县的"六查"和"六核"具体做法，尽快完成所辖地区的整改工作，在推进整改的同时，加快数据库建设。会上还通报了全市确权的工作情况：全市共修改 46 817 本证书，补充 63 936 户档案。据悉，截至 2017 年 9 月 30 日，淮南市下辖 2 县和 6 区的土地数据的数据库顺利通过了农业部质检。与此同时，淮南市积极推进凤台县试点工作——农村承包土地经营权抵押贷款，2017 年底已发放首批流转大户 20 家共计 1 700 万元的融资抵押贷款，这一举措扩大了新型经营主体生产规模。

📖 任务布置

请同学们思考：农村土地承包经营权确权的数据库建设该从哪些方面着手。

📖 任务分析

本次任务主要介绍数据库的内容、技术要求、建库的主要步骤和质量检查要点。

📖 任务准备

一、确权数据库建设概述

农村土地承包经营权确权数据库建设是一项全面性、系统性的工作，在实际数据库建设工作中需要确权工作的各个部门的协调配合，通过技术人员严谨的测绘和实地调查，借助先进的测绘仪器，掌握当地包括土地权属、面积等基本情况，并将收集的土地数据进行整理和分类，在保证数据资料和成果图件合格的基础上，运用软件进行数据库的建设工作。

二、建库主要依据、具体工作内容和目标

1. 主要依据

建库以实地调查的农村土地承包经营权确权登记与颁证工作过程中形成的相关数据作为基础数据和主要依据。自然资源部等部门明确规定，要将农村土地承包经营权确权登记与颁证工作过程中形成的文件（表、卡、图、册）统一纳入数字化系统进行管理，进而形成全省联网的具有信息化功能的农村土地承包经营权查询与管理系统。

2. 具体工作内容

农村土地承包经营权确权登记与颁证工作内容包括工作底图的绘制、土地承包经营权权

属调查、界址点实测、面积计算、数据公示、数据库建立及农村土地承包经营权证书打印等工作。这些工作涉及的数据信息包括：地理信息数据、权属数据等；其他信息，例如发包方和承包方信息、权属资料信息、控制点信息、承包地块信息、权属界址信息、区域界线信息、基本农田数据信息、其他地物信息及栅格数据等确权登记的相应成果资料。

3. 目标

农村土地承包经营权的调查工作以村民小组为基本单元，利用航测图进行内业解译，技术人员外业测绘与实测，调查承包土地的具体信息数据，如面积、权属、空间位置、空间分布、形状等情况，按照确权的技术规范和标准对各地块进行标识和统计，在村民公示无异议后，建立乡（镇）级和县级农村土地承包信息数据库，依照《农村土地承包经营权确权登记数据库规范》建立过程、规范和需要进行数据库的建设。

为加强农村土地承包经营权确权登记的信息化管理，需要进一步建立数据库信息化管理平台。农村土地承包经营权确权登记的数据库是以乡（镇）级为基本单位，依托各种软件将各种进技术把确权区域内确权登记信息数据和地理信息数据统一导入数据管理的信息平台，形成最后的数据库信息，今后利用该数据库可进行土地数据查询与管理，进而提高农村土地的查询、使用、管理的效率。

三、具体操作要求

1. 接边处理过程及要素

外业调查完成后，需要接边的双方应先将外业调查成果汇总并预接边，接边双方应根据实际调查的情况进行调整，达到图形基本能接边。

接边过程：完成内业矢量化后，按照接边工作的安排，进行各分包标段的接边。收集到被接边方数据后，如不要修改被接边方数据，为确保接边数据的准确和唯一性，接边方应严格参照被接边方数据要求调整接边进而实现完全接边；如确实需要修改被接边方的土地数据，接边方需根据接边实际情况和被接边方协商，并将接边数据的问题告知被接边方，被接边方根据接边方的问题进行修改，待被接边方完成修改后，接边方再次获取被接边方数据，根据二次成果进行二次接边，如此反复，直至接边方和被接边方达到完全接边。

接边要素：所有要素（例如权属界线、承包地块边线、地形要素等）、外业调查上图及内业矢量化的相关要素都必须严格接边。

2. 数据再入库

公示有异议的应进行修改，并将修改后的数据和图件进行再次公示，之后再将无异议的数据和图件重新入库。

3. 检查完善数据库

修正后的数字线划图、发包方信息表、宗地属性表、承包方信息表等图和表格数据信息经确认无误后，重新导入数据库，最终实现完善的农村土地承包信息数据库。

任务实施

【任务 5-1】列出农村土地承包经营权确权数据库地理信息数据要素代码结构图。

视频：数据
库建设

PPT：数据
库建设

【任务 5-2】确定农村土地承包经营权确权数据入库前如何对质量进行检查。

一、数据库内容

农村土地承包经营权确权的数据库内容主要包括用于农村土地承包经营权调查、确权登记的地理信息数据和权属数据，其分类及相关关系详见图 5-1。

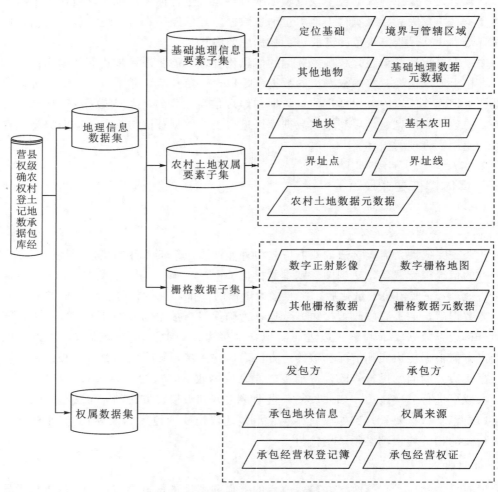

图 5-1　数据库内容、分类及相关关系

1. 地理信息数据

地理信息数据包括基础地理信息要素、农村土地权属要素和栅格数据。基础地理信息要素包括定位基础、境界与管辖区域、对承包地块四至描述有重要意义的其他地物信息和基础地理数据元数据。农村土地权属要素是指用于描述承包地块空间位置、坐落（四至）、面积、编码和毗邻关系的矢量信息。栅格数据用于描述承包地块空间分布、方位、毗邻关系。某村基础地理信息要素、土地权属要素和栅格数据如图 5-2 所示。

图 5-2　某村基础地理信息要素、土地权属要素和栅格数据

2. 权属数据

权属数据包括发包方、承包方、承包地块信息、权属来源、承包经营权登记簿、承包经营权证等。图 5-3 所示为高岩村村民土地权属数据信息。

图 5-3　高岩村村民土地权属数据信息

二、技术要求

地理信息数据要素代码由 6 位数字码构成，其结构如图 5-4 所示。

（1）大类码为专业代码，设定为 1 位数字码。其中，基础地理信息要素专业代码为 1，农村土地权属要素专业代码为 2，栅格数据专业代码为 3。

（2）小类码为业务代码，设定为 1 位数字码。基础地理信息要素的业务代码按

图 5-4 地理信息数据要素代码结构

照 GB/T 13923—2022 的大类码执行；农村土地权属要素中承包地块要素业务代码为 1，基本农田要素业务代码为 5；栅格数据中数字正射影像图业务代码为 1，数字栅格地图业务代码为 2，其他栅格数据业务代码为 9。

（3）一至三级类码为要素分类代码。其中一级类码为 1 位数字码，二级类码为 2 位数字码，三级类码为 1 位数字码，空位以 0 补齐。

（4）各类中如含有"其他"类，则该类代码直接设为"9"或"99"。地理信息数据中要素代码与名称描述见附表 8，其他要求按照《农村土地承包经营权确权登记数据库规范》。

三、主要步骤

（一）准备工作

准备工作包括建库方案制定、制度准备、人员准备、软硬件准备等。

（1）方案制定。县级农村经营管理部门（简称"农经管理部门"）及建库作业单位应根据实际情况制定建库的工作方案和技术方案，并报上级农村经营管理部门备案，或者采用上级部门统一制定的方案。

（2）制度准备。县级农村经营管理部门及建库作业单位可根据实际情况制定相关工作制度，包括质量控制、数据安全保密管理、进度管理等相关制度。

（3）人员准备。应配备专业技术人员及监督检查人员，负责建库工作的组织管理、技术管理、数据入库、监督检查等工作。在建库工作开展之前，应对相关人员进行业务培训。

（4）软硬件准备。硬件包括计算机、数据输入设备、数据输出设备、数据存储设备等。软件包括操作系统、数据库管理系统、地理信息系统软件等。软硬件选型应注意产品的稳定性和兼容性。

建库方案制定及软硬件准备详见图 5-5。

（二）数据收集与整理

根据建库工作的需要，收集发包方信息、承包方信息、权属资料信息、控制点信息、区域界线信息、承包地块信息、权属界址信息、基本农田信息、其他地物信息及栅格数据等确权登记成果资料。

（1）发包方信息：包括发包方的名称、编码、地址、邮编，发包方代表的信息应包括发包方负责人的姓名、证件类型、证件号码，发包方调查的调查员姓名、调查日期。

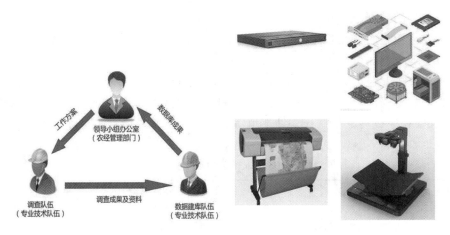

建库方案制定　　　　　　　　　　　　　软硬件准备

图 5-5　建库方案制定及软硬件准备

（2）承包方信息：包括承包方的编码、类型、地址、邮政编码、成员数量，承包方代表姓名、证件类型、证件号码等信息，以及承包方调查过程中的调查员、调查日期、调查记事，以及公示过程中的公示记事、公示记事人、公示审核日期、公示审核人等信息。家庭成员信息包括成员姓名、性别、证件类型、证件号码、与户主的关系。

（3）权属资料：承包合同编码、发包方编码、承包方编码、承包方式、承包期起始日期、承包期终止日期、承包合同总面积、承包地块总数、签订时间及合同的扫描件等；流转合同编码、对应的承包合同编码、承包方编码、受让方编码、流转方式、流转期限、流转期开始日期、流转期结束日期、流转面积、流转地块数、流转费用说明、合司签订日期。

（4）承包地块信息：地块矢量图形、地块编码、地块名称、地块类别、地力等级、土地用途、是否基本农田、实测面积、地块的四至信息、指界人姓名、发包方编码、承包方编码、承包经营权取得方式、合同面积、承包合同编码、承包经营权证编码。

（5）权属界址信息：界址点矢量图形、界址点点号、界址线矢量图形、界址线位置、界址线说明、毗邻地物权利人、毗邻地物指界人。

（6）基本农田：基本农田保护区矢量图形。

（7）控制点：控制点类型、等级、标石类型、标志类型、点之记、2000 国家大地坐标系下 x 坐标和 y 坐标。

（8）区域界线：县级行政区矢量图形、行政区代码、行政区名称，县级行政区区域界线的矢量图形、界线类型、界线性质。

（三）质量检查

质量检查包括入库前质量检查和入库后质量检查。检查工作开始前制定质量检查计划及方式，检查工作结束后编写检查报告。检查报告包括：检查方法及流程、质检数据内容、检查项、检查结果、质检相关负责人签名及日期等内容。

1. 入库前质量检查

对所有收集到的数据进行真实性检查和格式内容检查。

数据的真实性检查主要是检查数据的真实性、准确性、合法合规性。数据的真实性检查应遵照《农村土地承包经营权确权登记颁证成果检查验收办法（试行）》的规定。

格式内容检查主要包括矢量数据检查、权属数据检查、栅格数据检查、元数据检查、数据一致性检查等。格式内容检查应遵照《农村土地承包经营权确权登记颁证成果检查验收办法（试行）》。检查完成后，根据检查结果填写数据入库前质量检查表，详见表5-1。

表 5-1　数据入库前质量检查表

检　查　项	检查内容	是否符合要求	备注
矢量数据几何精度和拓扑检查	数据基础		
	几何精度		
	完整性		
	拓扑关系		
属性数据的完整性和正确性检查	完整性		
	正确性		
	逻辑一致性		
图形和属性的一致性检查	图形要素与属性记录对应		
拓扑完整性检查	各发包方是否进行接边处理		
	接边质量检查		

说明：要求对检查出的情况进行全面修改，确实无法修改的在备注中写明原因。

入库前质量检查，实际上应该分为调查过程中的检查和数据入库前的检查。根据测绘质量管理的要求，技术公司应在作业过程中加强质量检查，一般要求开展"三级检查，一级验收"，三级检查指作业员自检、作业员之间互检及质检员抽检，自检和互检率应为100%。数据入库前检查，是指建库单位在数据入库前应做全面的质量检查。

2. 入库后质量检查

数据入库后应依据 NY/T 2537—2014、NY/T 2538—2014、NY/T 2539—2016 和相关规定对数据库成果进行全面检查。入库后，应保证数据库矢量数据图层和权属表格的数量与入库前一致，各个矢量数据图层的对象数量与入库前一致，各个数据表中的记录数量与入库前相应的权属数据表中的记录数一致。检查完成后做好记录，填写数据入库后质量检查表（见表5-2），并在检查报告中明确说明数据入库前后数据完整性及数据量的对比检查结果。

表 5-2　数据入库后质量检查表

检　查　项	检查内容	结果	备注
数据成果	数据内容是否完整		
	数据组织是否正确		
	数据逻辑性是否正确		
数据库运行状况	数据访问效率		
	数据库安全性		
	数据库运行异常		

说明：要求对检查出的错误进行全面修正，确实无法修改的注明原因。

（四）建库参数设置

在数据库中，创建表单和数据图层。对数据库及其中的表单和图层进行参数设置，包括数据的数学精度和数据长度、空间参考、数据库的存储空间等参数。

（五）数据入库

（1）数据入库包括矢量数据、权属数据、栅格数据、元数据等数据的入库。有条件的地区，可将电子档案、多媒体数据入库。

（2）数据入库时，同一数据层的数据需要进行拼接，不同数据层之间需要建立索引目录。

（3）对于不同比例尺的数据图层应设置显示参数，便于不同比例数据的显示。

（4）矢量数据入库涉及跨带时，需要进行投影变换作换带处理，统一为同一中央经线；根据数据跨带情况，选择投影主带进行换带处理。

（5）权属数据入库，应注意不同数据库中字段长度对数据精度的影响。

（6）档案扫描件、电子文档资料、多媒体资料需要入库时，可以采用二进制对象的方式进行存储，也可以采用文件系统方式进行管理。

（六）运行测试

数据入库完成后，对数据库进行全面的测试，对测试出现的问题进行全面分析和处理。具体包括以下内容：

（1）数据库是否稳定，是否具备一定的扩展能力；

（2）数据库是否具备良好的访问效率，是否便于对数据的管理和调用；

（3）数据内容是否完整、正确，是否符合相关标准和规范要求。

任务评价

任务完成情况评价与分析如表 5-3 所示。

表 5-3　任务完成情况评价与分析

序号	评价内容	自我评价	他人评价	评价分析	自我改进方案
1	工作态度				
2	分析问题能力				
3	解决问题能力				
4	创新思维能力				
5	任务结果正确度				

思考练习

一、判断题

（1）根据测绘质量管理的要求，技术公司应在作业过程中加强质量检查，对确权数据一般要求开展"一级检查，三级验收"的活动。　　　　　　　　　　（　　）

（2）确权数据入库包括矢量数据、权属数据、栅格数据、元数据等数据的入库。有条件的地区，可将电子档案、多媒体数据入库。　　　　　　　　　　　　（　　）

（3）档案扫描件、电子文档资料、多媒体资料需要入库时，可以采用二进制对象的方式进行存储，也可以采用文件系统方式进行管理。　　　　　　　　　（　　）

二、思考题

（1）在农村土地承包经营权确权的数据入库前有哪些检查项？
（2）在农村土地承包经营权确权的数据入库后有哪些检查内容？

任务二　信息系统建设

学习引导

前一个任务完成了农村土地承包经营权确权的数据库建设，从任务二开始学习如何进行农村土地承包经营权确权的信息系统建设。任务二以信息系统建设为依托，基于生产过程进行信息系统功能介绍及信息化建设的学习。

1. 学习前准备

（1）明确农村土地承包经营权确权的信息化建设的意义；

（2）学习信息系统建设的技术要求。

2. 与后续项目的关系

农村土地承包经营权确权的信息化建设的学习，为后续确权成果整理与提交做准备。

学习目标

1. 知识目标

（1）理解农村土地承包经营权确权的信息系统功能分类；

（2）学会农村土地承包经营权确权的信息系统功能使用。

2. 能力目标

能够根据实际需要对土地承包经营权确权的结果明确技术公司、技术牵头公司、市县区确权办和中标技术公司信息化建设的主要任务，并对任务进行分工。

3. 素质目标

（1）提高信息技术学习和使用能力；

（2）增强重规范意识，具有大国工匠精神和创新意识；

（3）提高实际情况，灵活处理问题的能力。

案例导入

南宁召开农村土地承包经营权确权登记管理信息系统建设项目汇报会

为进一步推进和加快农村土地承包经营权确权登记管理信息系统建设，2018 年 3 月 12 日，南宁市确权办召开全市农村土地承包经营权确权登记管理信息系统建设项目汇报会。会议邀请了南宁市农业委员会廖磊副主任、南宁农业信息中心李亦菁副主任、确权办全体工作人员、信息系统建设中标公司和监理公司的项目经理及技术人员共十余人参加。

会议首先由北京苍穹数码技术股份有限公司（南宁市农村土地承包经营权确权登记管理信息系统建设项目中标公司）技术人员汇报南宁市农村土地承包经营权确权登记管理信息系统建设项目情况，然后技术人员分别就确权使用的工具和系统、县级和市级农村土地承包经营权确权登记管理信息系统、信息共享平台和上报接入平台等六个子系统的研发情况进行详细介绍。据悉，截至 2018 年 3 月 12 日，农村土地承包经营权确权登记整个项目总体进度为 50%。会上提出了在全市农村土地承包经营权确权登记成果汇交工作中存在的问题，尤其是下辖各县（区）成果数据汇交较慢、村和乡界线不清、接边过程中出现的问题，并提出了下一步的工作设想。

随后，李亦菁副主任提出了南宁市农村土地承包经营权确权登记管理信息系统建设项目存在的问题，并就监理公司工作不及时、不到位的问题提出指导意见。接着，市确权办负责人回顾了工作开展情况，进一步细化了各方的工作职责和工作要求，针对监理公司的工作要求，要求监理公司要明确任务并积极承担工作职责。市确权办负责人结合当前工作中存在的问题和时间进度节点，提出确权工作措施及意见、建议。

廖磊副主任针对下一阶段全市开展的农村土地承包经营权确权登记管理信息系统建设与使用工作作出了部署，指出各单位要明确职责，加强协作，根据时间节点和工作步骤，有效推动全市农村土地承包经营权确权登记颁证工作顺利完成。

任务布置

请同学们思考：农村土地承包经营权确权的信息化建设如何进行任务分配。

任务分析

本次任务主要介绍确权登记管理信息系统的功能和信息化建设的主要任务。

任务准备

农村土地承包经营权确权登记管理信息系统是对确权后的成果进行数据输入、存储和管理的系统。技术人员在测量过程中难免会出现一些土地面积不准确、使用权不明确、四至调查不对等多种情况，为了更好更高效地加强土地管理，使土地数据信息化、智能化，国家开始使用农村土地承包经营权确权登记管理信息系统对土地数据进行管理。该如何使用农村土地承包经营权确权登记管理信息系统进行数据信息化？下面将分七步来进行介绍。

一、初始化工作

初始化工作主要包括组织机构和操作人员的管理，即成立农村土地承包经营权确权登记管理信息系统的管理机构，安排专人进行数据维护，并对技术人员进行培训。

二、基础信息维护

基础信息包括农户信息、宗地信息和其他资料，应安排专人对这些数据信息进行管理、维护和升级。

三、承包、权证管理

（1）土地承包管理包括录入或用 Excel 表导入承包合同信息，根据承包合同信息生成承包合同，并在此基础上提供打印合同服务。

（2）对录入的承包合同可选择生成申请书，系统将承包合同生成合同登记申请书，并提供打印申请书服务。

（3）县级土地承包管理员对合同登记申请书进行审批，审批后农村土地承包经营权确权登记管理信息系统将自动生成对应合同的登记簿和经营权证书，并提供登记簿打印和经营权证（包含对应地块的地理空间位置图）打印服务。

（4）通过提交转让合同和互换流转合同或手工在模块（权证管理的经营权变更）中录入变更申请，生成经营权证变更申请，并提供打印变更申请书服务。

（5）县级土地承包管理员对变更申请书进行审批，农村土地承包经营权确权登记管理信息系统自动将变更信息记录到对应的经营权证书和登记簿中，并提供打印经营权证书变更和登记簿变更服务。

四、流转管理

（1）土地流转管理在录入流转合同信息后，系统将生成流转合同，并提供打印合同服务。

（2）提交转让合同和互换流转合同、其他合同中的征用、占用，在模块（经营权变更）中添加对应的经营权证变更申请即可。

（3）流转信息登记模块可发布转入、转出等信息。

（4）价格分析模块可查看流转合同的价格分析信息。

五、纠纷调处管理

对于产生的纠纷，可通过纠纷调处管理进行记录管理。该功能按照纠纷调处流程，采用一个案件对应唯一编码管理办法，完成对案件的立案、仲裁、审批、裁决书下达的全部操作步骤，从而实现信息化。

六、归档管理

各类信息录入后，系统将根据农户信息和归档要求自动按照农户进行归档处理，独立建立各农户的档案，用户可根据需要随时查阅各农户的档案情况。

七、数据查询、汇总和分析、图表分析、GIS 查询

为方便用户从各个角度进行统计管理，农村土地承包经营权确权登记管理信息系统提供灵活多样的数据查询、汇总和分析、图表分析及 GIS 查询功能。用户根据需求进行不同的查询，降低了土地管理工作的工作量，提高了管理者的工作效率。从某种程度上说，农村土地承包经营权确权登记管理信息系统的功能非常强大，不仅可以完成对土地信息的归档，还可以对归档的相关信息进行分析。

　任务实施

视频：信息系统建设

【任务 5-3】列出农村土地承包经营权确权信息化建设中各单位信息化建设的任务。

农村土地经营权确权工作以县级行政区为单位，按要求建设其管理信息系统，系统以地理信息系统平台为基础，满足各级数据库之间的互通和更新。

PPT：信息系统建设

一、信息系统功能

农村土地经营权确权信息系统功能主要包括数据管理、合同管理、确权登记颁证管理、流转管理、承包经营纠纷调解和仲裁管理等功能。

数据管理功能应满足空间数据（包括矢量数据和栅格数据）和与之关联的属性数据的管理需要。

合同管理功能应满足管理部门对土地承包合同的管理需要。

确权登记颁证管理功能应满足管理部门对土地承包合同的确权、登记、颁证、管理的需要。

流转管理功能满足农村土地承包经营权流转与管理的业务需要。

承包经营纠纷调解和仲裁管理满足农村土地承包经营纠纷调解和仲裁管理的需要。

二、信息化建设的主要任务

根据农村土地承包经营权确权信息系统功能建设的要求，为加强省、市、县三级平台建设，统一数据格式和要求，信息化建设需筹备平台软件、硬件设备，加强机房建设，通过采用统一招标的形式，统一信息化建设需要的信息系统软件和数据格式，对技术人员进行培训，安排技术人员安装、调试农村土地经营权确权信息系统平台软件，根据具体规范逐级汇交经检验和验收合格的数据库成果。根据农村土地承包经营权确权信息系统建设的需要，技术公司、技术牵头公司、市县区确权办、中标技术公司信息化建设的主要任务详见表5-4。

表5-4　各单位信息化建设的主要任务

单位	信息化建设的主要任务
技术公司	（1）完成所承担确权数据库村级接边，自行组织本标段确权数据库成果质量检查； （2）所承担确权标段完成公示后，完成乡镇接边处理及数据整合
技术牵头公司	以县为单位： （1）完成各标段确权数据库成果整合和标段之间的接边处理； （2）完成确权成果验收； （3）按农业农村部汇交管理办法，汇交确权数据库成果，编制《数据库成果汇交情况说明》； （4）采用农业农村部质检软件对确权数据库成果进行质量检查，不能通过该软件检查的内容，必须返回数据库进行修改，再次汇交，再次检查，直到检查结果无错误内容为止，最后生成合格的《××县农村土地承包经营权数据库成果质量检查报告》

续表

单位	信息化建设的主要任务
市县区确权办	（1）向省级确权办提出平台建设申请； （2）根据软件平台安装条件需求确定本辖区机房环境建设、网络环境建设，并采购信息平台软硬件； （3）监督技术牵头公司全程参与平台建设过程中确权数据库成果汇交、成果质检、成果修改、成果入库； （4）确定参与平台建设的主要负责人，组织相关技术人员参与省级系统操作培训班
中标技术公司	（1）协助市县区确权办完成确权数据库成果的汇交、质量检查、修改等工作； （2）采用农业农村部质检软件对确权数据库成果进行质量检查、采用平台质检软件对确权数据库成果进行质量检查； （3）完成平台软件的硬件调试与评估、完成网络调试与评估、完成硬件环境的安全保障检查与评估工作； （4）完成平台的数据库软件、GIS软件、平台软件的安装、调试； （5）完成确权数据库成果的入库、检查、汇交工作，完成平台与确权数据库成果的联调、测试和运行工作； （6）完成平台的硬件维护、网络维护、平台维护、平台操作； （7）全程整理平台实施过程文档资料； （8）与市县区确权办签署保密协议，办理《资料交接表》； （9）负责市县区确权数据库成果汇交文件转移过程中的安全保密工作； （10）负责市县区平台运行的售后工作和验收工作

任务评价

任务完成情况评价与分析如表 5-5 所示。

表 5-5　任务完成情况评价与分析

序号	评价内容	自我评价	他人评价	评价分析	自我改进方案
1	工作态度				
2	分析问题能力				
3	解决问题能力				
4	创新思维能力				
5	任务结果正确度				

思考练习

一、判断题

（1）农村土地承包经营权确权信息系统数据管理功能，应满足管理部门对土地承包合同的管理需要。（　　）

（2）农村土地承包经营权确权信息系统确权登记颁证管理功能，应满足管理部门对土地承包合同的管理需要。（　　）

（3）加强省、市、县三级平台建设，筹备平台硬件设备和机房建设，通过统一招标的形式对信息系统软件和数据格式进行统一。（　　）

二、思考题

（1）在农村土地承包经营权确权的信息化建设中，中标公司主要承担信息化建设中的哪些任务？

（2）在农村土地承包经营权确权的信息化建设中，技术牵头公司主要承担信息化建设中的哪些任务？

项目六　确权成果整理汇交与检查验收

任务一　确权成果整理汇交要求

▤ 学习引导

前一个项目完成了农村土地承包经营权确权的数据库建设及信息化建设工作，本项目将完成农村土地承包经营权确权的成果整理汇交与检查验收，从任务一开始学习如何进行农村土地承包经营权确权的成果整理与汇交。任务一以"成果整理汇交要求"为依托，基于生产过程介绍农村土地承包经营权确权成果内容、成果整理汇交要求及验收要求。

1. 学习前准备

（1）明确农村土地承包经营权确权成果整理的意义；

（2）学习明确农村土地承包经营权确权的成果内容。

2. 与后续项目的关系

农村土地承包经营权确权的成果整理汇交要求的学习，为后续成果验收做准备。

▤ 学习目标

1. 知识目标

（1）理解农村土地承包经营权确权的成果内容；

（2）理解农村土地承包经营权确权的成果整理汇交要求。

2. 能力目标

（1）能够根据土地承包经营权确权的成果进行整理达到汇交的要求；

（2）能够根据土地承包经营权确权的成果进行整理达到验收的要求。

3. 素质目标

（1）提高信息技术学习和成果整理的能力；

（2）增强重规范、守秘密的意识，具有精益求精的精神；

（3）提高遇到实际情况，灵活处理问题的能力。

▤ 案例导入

兰州市土地确权数据库成果汇交内容与要求

根据《农业部办公厅关于做好农村承包地确权登记数据库成果汇交工作的通知》（农办经〔2017〕7号）和《关于做好全省农村土地承包经营权确权登记数据库成果汇交工作的通

知》（甘农地确权办〔2017〕8 号）要求，甘肃省兰州市为加快农村土地确权数据的入库、汇交、更新与应用，推进信息应用平台建设和使用，规范了土地确权数据库成果汇交内容与要求，详见表 6-1。

表 6-1　兰州市土地确权数据库成果汇交内容与要求

主要内容	具 体 要 求
矢量数据	（1）农村土地权属要素：地块、界址点、界址线、基本农田保护区和注记等； （2）基础地理信息要素：控制点、区域界线、县级行政区、乡级区域、村级区域、组级区域、点状地物、线状地物、面状地物和注记
权属数据	包括数据库标准规定的各类非空间要素结构数据： （1）发包方、承包方、承包地块、登记簿、权源资料、承包经营权证； （2）权属单位代码表
栅格数据	（1）数字正射影像图； （2）数字栅格地图； （3）其他栅格数据
图件	地块示意图
文字报告	（1）确权登记数据库建设工作报告； （2）确权登记数据库建设技术报告； （3）确权登记数据库质量检查报告； （4）检查验收报告等
汇总表格	包括按地块汇总表、按承包土地用途汇总表、按非承包地地块类别汇总表、按承包地是否基本农田汇总表、按权证信息汇总表、按承包方汇总表等六个表格
其他资料	与本级汇交相关的其他资料、相关说明材料如数据项缺失情况说明等需要特殊说明的资料

任务布置

请同学们思考：农村土地承包经营权确权的成果汇交和验收要求。

任务分析

本次任务主要介绍农村土地经营权确权成果内容、成果整理汇交要求及验收要求。

 **任务准备**

<h1 style="text-align:center">湖南省农村土地承包经营权确权登记数据库
成果汇交办法</h1>

一、总则

1. 目的

为规范以县级行政区为基本单位的农村土地承包经营权确权登记数据库成果提交程序、内容、形式以及存储规则，保障湖南省确权登记数据库成果的顺利汇交，特制定本办法。

2. 适用范围

本办法适用于以县级行政区为基本单位，经检查验收合格的土地承包经营权确权登记数据库成果的汇交。

3. 依据

（1）《农村土地承包经营权调查规程》（NY/T 2537—2014）。

（2）《农村土地承包经营权要素编码规则》（NY/T 2538—2014）。

（3）《农村土地承包经营权确权登记数据库规范》（NY/T 2539—2016）。

（4）《农业部办公厅关于印发〈农村土地承包经营权确权登记颁证成果检查验收办法（试行）〉的通知》（农办经〔2015〕5号）。

（5）《农村土地承包经营权确权登记数据库建设技术指南（试行）》。

二、组织实施

确权登记数据库成果原则上采取三级汇交的方式逐级开展，即以县级行政区为基本单位，县级向市级汇交、市级向省级汇交、省级向农业部汇交。

确权登记数据库成果汇交的组织工作由同级农村土地承包经营权管理部门负责。各级农村土地承包经营权管理部门应按照"检查验收一个，报送一个"的原则，尽快报送检查验收合格的县级确权登记数据库成果。汇交程序如下：

（1）数据汇交单位向上级农村土地承包经营权管理部门提交汇交情况说明（见附录1，以下简称"汇交情况说明"），并附数据库成果资料清单表（见附录2，以下简称"资料清单表"）。

（2）上级农村土地承包经营权管理部门根据提交的汇交情况说明进行检查，并核对资料清单表是否完整，确认无误后，通知汇交单位进行数据汇交。

（3）汇交单位须按之前提交的汇交情况说明和资料清单表，采用专人报送的方式向上级农村土地承包经营权管理部门提交辖区内县级农村土地承包经营权确权登记数据库成果。

（4）上级农村土地承包经营权管理部门应依据有关质检要求，利用数据质量检查软件与人工结合的方式对汇交资料进行质量检查。如质量不合格，上级农村土地承包经营权管理部门应依据《农村土地承包经营权确权登记数据库质量检查内容表》（见《农村土地承包经营权确权登记数据库建设技术指南（试行）》），编制数据库质检问题说明，并反馈给数据汇交单位；数据汇交单位勘误后重新提交数据库成果，直至质检合格。质检合格后，由上级农村土地承包经营权管理部门在资料清单表（一式两份）上签字确认，并将其中一份资料清单作为提交凭证反馈给数据汇交单位。

三、汇交内容及要求

1. 汇交对象

按照《检查验收办法》要求，以县级行政区为基本单位，经检查验收合格的农村土地承包经营权确权登记数据库成果。

2. 汇交资料

汇交资料包括矢量数据、权属数据、栅格数据、文字报告、汇总表格、图件、档案资料以及其他资料，具体内容及要求如下：

（1）矢量数据。

①数据分层及结构遵守《农村土地承包经营权确权登记数据库规范》（NY/T 2539—2016）规定。矢量数据采用 CGCS2000 坐标系。

②元数据：存储描述矢量数据的元数据。

（2）权属数据。

①承包方、发包方、承包合同、承包地块、登记簿等信息按照《农村土地承包经营权确权登记数据库规范》（NY/T 2539—2016）规定执行。

②填写权属单位代码表（见附录 3）：存储辖区内县、乡、村、组四级权属单位的代码和名称。

（3）栅格数据。栅格数据采用标准图幅形式进行组织，图幅编号按照《农村土地承包经营权调查规程》（NY/T 2537—2014）执行。栅格数据须采用 CGCS2000 坐标系。

（4）图件。地块示意图。

（5）文字报告。包括农村土地承包经营权确权登记数据库建设工作报告，数据库建设技术报告，数据库质量检查报告、检查验收报告等。

（6）汇总表格。包括按地块汇总表等 6 个表格，表名及数据结构见附录 4。

（7）档案资料。按照《湖南省农村土地承包经营权确权登记颁证档案管理实施办法》的要求提交档案目录数据、农户档案全文数据、属于农户档案文书的电子扫描件。

（8）其他资料。与本级汇交相关的其他资料。包括数据项缺失情况说明、飞地情况说明等需要特殊说明的资料。

汇交资料应以光盘或者移动硬盘的方式报送电子数据，不允许进行文件压缩。汇总表格和文字报告成果除提交电子形式外，还应以纸质形式提交 1 份，并加盖公章。

3. 文件组织与命名规则

农村土地承包经营权确权登记数据库成果以县级行政区为基本单位进行组织。汇交资料存放在以"行政区代码＋行政区名称"命名的文件夹下，按照矢量数据、权属数据、栅格数据、图件、文字报告、汇总表格以及其他资料，分别建立次级文件夹。文件组织结构图见附录 5。

（1）矢量数据：矢量数据格式为 Shapefile，其中"注记"层采用点文件格式进行汇交。

文件命名为属性表名＋6 位县级区划代码＋4 位年份代码。矢量数据的元数据格式为 XML 编码方式为 UTF-8，文件命名为 SL＋6 位县级区划代码＋4 位年份代码。

（2）权属数据：格式为 MDB（Access 2003）。文件命名为 6 位县级区划代码＋4 位年份代码，MDB 数据库中的表名命名为属性表名。权属单位代码表提交格式为 Excel（Excel 2003），表格样式见附录 3。

（3）栅格数据：提交格式为国际工业标准无压缩的 TIFF 格式（.tif）。采用标准图幅形式进行组织，图幅编号按照《农村土地承包经营权调查规程》（NY/T 2537—2014）执行。存放在"栅格数据"目录中，分别建立"数字正射影像图""数字栅格地图"和"其他栅格数据"目录管理。

（4）图件：提交格式为 JPG。地块示意图的文件命名为 DKSYT＋19 位承包经营权证编码＋示意图顺序码。

（5）汇总表格：提交格式为 Excel（Excel 2003），表格样式见附录 4

（6）文字报告：使用 Word（2003）格式。

（7）档案资料：提交档案目录数据、农户档案全文数据、属于农户档案的文书电子扫描件。

（8）其他资料：此文件夹下主要存储与汇交相关的其他资料。

附录 1　汇交情况说明

数据库成果汇交情况说明

_____农村土地承包经营权确权登记颁证工作领导小组办公室：

_____（市，州）已完成下列县级行政区的农村土地承包经营权确权登记颁证工作，并通过了检查验收，计划于_____年_____月_____日前提交农村土地承包经营权确权登记数据库成果。

汇交单位名称				通过检查验收时间
市		县		
区划代码	市名	区划代码	县名	

特此说明！

附件：数据库成果资料清单表

湖南省_____（市、县）农村土地承包经营权确权登记颁证工作领导小组办公室

（公章）

年　　月　　日

附录 2 数据库成果资料清单表（回执单）

成果名称	湖南 省____ 市____ 县（区、市）农村土地承包经营权确权登记数据库成果				
基本情况	介质情况：□光盘 □硬盘 □纸质报告 □纸质表格				
	数据大小		主比例尺		
	DOM 图幅数量		地块数量		

资料清单	1. 矢量数据	
	整个县级辖区矢量数据及其元数据	□
	2. 权属数据	
	（1）发包方、承包方、承包地块、登记簿、权源资料、承包经营权证	□
	（2）权属单位代码表	□
	3. 栅格数据	
	整个县级辖区标准分幅栅格数据及其元数据	□
	4. 图件	
	地块示意图	□
	5. 文字报告	
	（1）确权登记数据库建设工作报告	□
	（2）确权登记数据库建设技术报告	□
	（3）确权登记数据库质量检查报告	□
	（4）检查验收报告	□
	6. 汇总统计表	
	（1）按地块汇总表.XLS	□
	（2）按承包地土地用途汇总表.XLS	□
	（3）按非承包地地块类别汇总表.XLS	□
	（4）按承包地是否基本农田汇总表.XLS	□
	（5）按权证信息汇总表.XLS	□
	（6）按承包方汇总表.XLS	□
	7. 档案资料	
	（1）档案目录数据、农户档案全文数据	□
	（2）农户档案文书扫描件	□
	8. 其他资料	

接收信息	提交方	提交单位		（提交单位盖章）年 月 日
		通信地址		
		邮编	电话	
	接收方	接收单位		（接收单位盖章）年 月 日
		通信地址		
		邮编	电话	
备注				

附录 3　权属单位代码表

权属单位代码表

权属单位代码	权属单位名称

注 1：应填写县级行政区内所有县、乡、村、组四级权属单位的代码和名称。

注 2：权属单位代码在现有行政区划代码的基础上扩展到组级，共 14 位数字码。其中县级代码采用 GB/T 2260 中的 6 位数字码，空位以 0 补齐；乡级代码为 6 位县级区划代码＋3 位乡级代码，空位以 0 补齐；村级代码为 6 位县级区划代码＋3 位乡级代码＋3 位村级代码，空位以 0 补齐；组级代码采用 14 位发包方编码。

权属单位代码表　样例

权属单位代码	权属单位名称
43112100000000	湖南省永州市祁阳县
43112110500000	湖南省永州市祁阳县肖家村镇
43112110520100	湖南省永州市祁阳县肖家村镇栗木村
43112110520101	湖南省永州市祁阳县肖家村镇栗木村 1 组
43112110520102	湖南省永州市祁阳县肖家村镇栗木村 2 组
……	……

注：权属单位代码在现有行政区划代码的基础上扩展到组级，共 14 位数字码。其中县级代码采用 GB/T 2260 中的 6 位数字码，空位以 0 补齐；乡级代码为 6 位县级区划代码＋3 位乡级代码，空位以 0 补齐；村级代码为 6 位县级区划代码＋3 位乡级代码＋3 位村级代码，空位以 0 补齐；组级代码采用 14 位发包方编码。

附录4 汇总表格

附表4.1~附表4.6给出了汇总表的数据结构，应依据附表3列出的权属单位进行发包方、村、乡、县四个级别的逐级分类汇总，并保证表格之间的平衡。

附表4.1 按地块汇总表（QSDW_HZB）

单位：个；块；亩；份

权属单位代码	权属单位名称	发包方数量	承包地块		非承包地块		颁发权证数量
			总数	总面积	总数	总面积	

按地块汇总表（QSDW_HZB）样例

单位：个；块；亩；份

权属单位代码	权属单位名称	发包方数量	承包地块		非承包地块		颁发权证数量
			总数	总面积	总数	总面积	
43112100000000	湖南省永州市祁阳县	××	××	××.××	××	××.××	××××
43112110500000	湖南省永州市祁阳县肖家村镇	××	××	××.××	××	××.××	××××
43112110520100	湖南省永州市祁阳县肖家村镇栗木村	××	××	××.××	××	××.××	××××
43112110520101	湖南省永州市祁阳县肖家村镇栗木村1组	××	××	××.××	××	××.××	××××

附表 4.2　按承包地土地用途汇总表（QSDW _ TDYT）　　　　单位：亩

权属单位代码	权属单位名称	农业用途面积					非农用途面积	合计
		合计	种植业	林业	畜牧业	渔业		

按承包地土地用途汇总表（QSDW _ TDYT）样例　　　　单位：亩

权属单位代码	权属单位名称	农业用途面积					非农用途面积	合计
		合计	种植业	林业	畜牧业	渔业		
43112100000000	湖南省永州市祁阳县	××.××	××.××	××.××	××.××	××.××	××.××	××.××
43112110500000	湖南省永州市祁阳县肖家村镇	××.××	××.××	××.××	××.××	××.××	××.××	××.××
43112110520100	湖南省永州市祁阳县肖家村镇栗木村	××.××	××.××	××.××	××.××	××.××	××.××	××.××
43112110520101	湖南省永州市祁阳县肖家村镇栗木村 1 组	××.××	××.××	××.××	××.××	××.××	××.××	××.××
43112110520102	湖南省永州市祁阳县肖家村镇栗木村 2 组	××.××	××.××	××.××	××.××	××.××	××.××	××.××
……	……						……	……

附表 4.3　按非承包地地块类别汇总表（QSDW _ DKLB）　　　　单位：亩

权属单位代码	权属单位名称	自留地	机动地	开荒地	其他集体土地	合计

按非承包地地块类别汇总表（QSDW_DKLB）样例　　　　单位：亩

权属单位代码	权属单位名称	自留地	机动地	开荒地	其他集体土地	合计
43112100000000	湖南省永州市祁阳县	××.××	××.××	××.××	××.××	××.××
43112110500000	湖南省永州市祁阳县肖家村镇	××.××	××.××	××.××	××.××	××.××
43112110520100	湖南省永州市祁阳县肖家村镇栗木村	××.××	××.××	××.××	××.××	××.××
43112110520101	湖南省永州市祁阳县肖家村镇栗木村1组	××.××	××.××	××.××	××.××	××.××
43112110520102	湖南省永州市祁阳县肖家村镇栗木村2组	××.××	××.××	××.××	××.××	××.××
……	……	……	……	……	……	……

附表4.4　按承包地是否基本农田汇总表（QSDW_JBNN）　　　　单位：亩

权属单位代码	权属单位名称	基本农田面积	非基本农田面积	合计

按承包地是否基本农田汇总表（QSDW_JBNN）样例　　　　单位：亩

权属单位代码	权属单位名称	基本农田面积	非基本农田面积	合计
43112100000000	湖南省永州市祁阳县	××.××	××.××	××.××
43112110500000	湖南省永州市祁阳县肖家村镇	××.××	××.××	××.××
43112110520100	湖南省永州市祁阳县肖家村镇栗木村	××.××	××.××	××.××
43112110520101	湖南省永州市祁阳县肖家村镇栗木村1组	××.××	××.××	××.××
43112110520102	湖南省永州市祁阳县肖家村镇栗木村2组	××.××	××.××	××.××
……	……	……	……	……

附表 4.5 按权证信息汇总表（QSDW _ QZ） 单位：份；亩

权属单位代码	权属单位名称	颁发权证数量			颁发权证面积
		合计	家庭承包	其他方式承包	

按权证信息汇总表（QSDW _ QZ）样例 单位：份；亩

权属单位代码	权属单位名称	颁发权证数量			颁发权证面积
		合计	家庭承包	其他方式承包	
43112100000000	湖南省永州市祁阳县	××	××	××	××.××
43112110500000	湖南省永州市祁阳县 肖家村镇	××	××	××	××.××
43112110520100	湖南省永州市祁阳县 肖家村镇栗木村	××	××	××	××.××
43112110520101	湖南省永州市祁阳县 肖家村镇栗木村 1 组	××	××	××	××.××
43112110520102	湖南省永州市祁阳县 肖家村镇栗木村 2 组	××	××	××	××.××
……	……	……	……	……	……

附表 4.6 按承包方汇总表（QSDW _ CBF） 单位：个

权属单位代码	权属单位名称	承包方总数	家庭承包		其他方式承包		
			承包农户 数量	家庭成员 数量	合计	单位承 包数量	个人承 包数量

续表

权属单位代码	权属单位名称	承包方总数	家庭承包		其他方式承包		
			承包农户数量	家庭成员数量	合计	单位承包数量	个人承包数量

按承包方汇总表（QSDW_CBF）样例 单位：个

权属单位代码	权属单位名称	承包方总数	家庭承包		其他方式承包		
			承包农户数量	家庭成员数量	合计	单位承包数量	个人承包数量
43112100000000	湖南省永州市祁阳县	××	××	××	××	××	××
43112110500000	湖南省永州市祁阳县肖家村镇	××	××	××	××	××	××
43112110520100	湖南省永州市祁阳县肖家村镇栗木村	××	××	××	××	××	××
43112110520101	湖南省永州市祁阳县肖家村镇栗木村1组	××	××	××	××	××	××
43112110520102	湖南省永州市祁阳县肖家村镇栗木村2组	××	××	××	××	××	××
……	……	……	……	……	……	……	……

附表4.1～附表4.6填写要求：

（1）计量单位中以"亩"为单位，指标保留2位小数，其他指标取整数。

（2）面积统计要求：县级权属单位的面积应等于县内所有乡级权属单位面积之和，乡级面积应等于乡内所有村级权属单位面积之和，村级面积应等于村内所有组级权属单位面积之和，组级面积应等于组内所有地块图斑面积（以"亩"为单位，保留2位小数）之和。

（3）填表时须保证表间的指标平衡关系。

附录5　汇交资料文件组织结构图

```
|---（6位县行政区划代码）（行政区名称）
|    |--- 矢量数据
|    |（属性表名）（6为县级区划代码）（4位年份代码）.SHP  /矢量数据交换格式/
|    | SL（6为县级区划代码）（4位年份代码）.XML  /矢量数据的元数据/
|    |--- 权属数据
|    |（6为县级区划代码）（4位年份代码）.MDB  /权属数据交换格式/
|    |（6为县级区划代码）（4位年份代码）权属单位代码表.XLS
|    |--栅格数据  /存储DOM数据本身、附加信息文件和DOM元数据/
|    |    |--数据正射影像图
|    |    |      （图幅号）DOM.TIF
|    |    |--数据栅格地图
|    |    |      （图幅号）DRG.TIF
|    |    |--其他栅格数据
|    |    |      （图幅号）QTSG.TIF
|    |--图件
|    |    |---（14位发包方编码）
|    |    |      DKSYT（19位承包经营权证编码）（示意图顺序码）.JPG
|    |    |---（14位发包方编码）
|    |    |      DKSYT（19位承包经营权证编码）（示意图顺序码）.JPG
|    |---汇总表格  /存储Excel格式汇总表格数据/
|    |（县行政区划代码6位）（行政区名称）按地块汇总表.XLS
|    |（县行政区划代码6位）（行政区名称）按承包地土地用途汇总表.XLS
|    |（县行政区划代码6位）（行政区名称）按非承包地地块类别汇总表.XLS
|    |（县行政区划代码6位）（行政区名称）按承包地是否基本农田汇总表.XLS
|    |（县行政区划代码6位）（行政区名称）按权证信息汇总表.XLS
|    |（县行政区划代码6位）（行政区名称）按承包方汇总表.XLS
|    |---文字报告
|    |（县行政区划代码6位）（行政区名称）数据库建设工作报告.DOC
|    |（县行政区划代码6位）（行政区名称）数据库建设技术报告.DOC
|    |（县行政区划代码6位）（行政区名称）数据库质量检查报告.DOC
|    |（县行政区划代码6位）（行政区名称）检查验收报告.DOC
|    |---档案资料
|    |---其他资料
|    |    |...
```

注：①"|---"表示文件夹；②"|　　"表示文件夹下的文件；③"/　/"表示注释文字；④其他资料自行命名。

任务实施

【任务 6-1】列出农村土地承包经营权确权调查成果。

【任务 6-2】列出农村土地承包经营权确权成果内容和清单要求。

视频：成果整理与汇交要求

PPT：成果整理与汇交要求

农村土地承包经营权管理部门应按上级管理和本级工作相关要求建立农村土地承包经营权成果档案管理制度，进一步明确农村土地承包经营权调查档案的整理、归档、管理和使用，细化农村土地经营权确权调查成果明细及要求、成果整理汇交要求、验收要求。

一、农村土地经营权确权调查成果

农村土地承包经营权调查工作结束后，应及时进行成果整理并归档，技术人员应根据调查专业技术设计书，结合《测绘技术总结编写规定》（CH/T 1001—2005）的要求编写调查专业技术总结。

农村土地承包经营权调查成果整理包括文字、图件、簿册、数据的规范化与整理，按存储介质可分为电子成果、纸质等实物成果，在保存过程中宜保存两种介质的成果资料。

调查成果主要包括以下内容。

（1）文字成果，包括：工作方案、纠纷调解书、技术设计书、检查记录、工作总结、申请书、委托书、报告、技术总结、决议及会议记录等材料。

（2）图件成果，包括：调查工作底图、数字正射影像图、调查草图、地籍图、地块分布图、地形图等图件。

（3）簿册成果，包括：农村土地承包台账、土地承包合同等，相关表格即发包方调查表及承包方调查表、承包地块调查表、农村土地承包经营权调查信息公示表和农村土地承包经营权公示结果归户表等簿册。

（4）数据成果，包括：数据库、测量数据文件、元数据及调查成果的电子数据。

（5）其他成果，指除以上文字、图件和簿册及数据成果以外的过程性材料和说明性材料。

二、成果整理汇交要求

成果汇交由村、组向乡（镇）人民政府汇交，乡（镇）人民政府向县级农村土地承包经营管理部门汇交，县级检查无误和资料汇总后，进行统一的数据整理及分类和核查，再进行接边处理和入库处理，最终形成标准的调查成果并信息化，供农村土地承包经营权确权登记颁证和农村土地承包日常查询、管理和使用。

湖南省望城区农村土地承包经营权确权登记工作完成后，工作成果资料管理执行国家及湖南省农村土地承包经营权确权登记颁证成果档案管理相关规定，其成果内容及清单要求如表 6-2 所示。

表 6-2　湖南省望城区农村土地承包经营权确权登记成果内容及清单要求

成果内容	清　单
1. 文字资料	（1）专业技术设计书 1 份； （2）技术总结 1 份； （3）检查报告 1 份； （4）仪器检定资料 1 份；
2. 农村承包土地调查成果	（1）基础工作底图 1 份； （2）指界通知书（存根）； （3）指界人身份证明及身份证复印件 1 份； （4）指界委托书 1 份； （5）权属来源证明文件 1 份（如：承包合同、纠纷调解协议、会议纪要、决议等）； （6）地籍测量原始记录 1 份； （7）指界结果公示图、表 1 份； （8）村、组承包土地地籍图、地块分布图 1 份； （9）土地承包台账 1 份； （10）农村土地承包经营权登记簿 1 份； （11）农村土地承包经营权确权登记发包方调查表 1 份； （12）农村土地承包经营权确权登记承包方调查表 1 份； （13）农村土地承包经营权确权登记发包地块调查表 1 份； （14）农村土地承包经营权公示结果归户表 1 份； （15）土地承包合同； （16）农村土地承包经营权登记申请书 1 份； （17）农村土地承包经营权证书 1 份； （18）宗地面积汇总表：以权利人、组、村、镇（村、组）、区为单元的地类面积汇总表 1 份； （19）户主声明书和无异议声明书； （20）以户为单位的农户纸质档案；
3. 数据库及管理系统	（1）覆盖全区土地承包信息数据库； （2）坐标系统采用 2000 国家大地坐标系（CGCS 2000）
4. 电子数据	（1）以上成果数据光盘 2 套； （2）以上成果资料中的表、册、报告等需要同时提供纸质文档，于×××年×月×日前全部交付甲方

任务评价

任务完成情况评价与分析如表 6-3 所示。

表 6-3 任务完成情况评价与分析

序号	评价内容	自我评价	他人评价	评价分析	自我改进方案
1	工作态度				
2	分析问题能力				
3	解决问题能力				
4	创新思维能力				
5	任务结果正确度				

思考练习

一、判断题

（1）农村土地承包经营权确权成果内容包括文字成果、图件成果、簿册成果、数据成果等。   （   ）

（2）农村土地承包经营权确权调查文字成果包括工作方案、技术设计书、纠纷调解书、检查记录、工作总结、技术总结、申请书、委托书、报告、决议及会议记录等材料。（   ）

（3）成果汇交由村、组向乡（镇）人民政府汇交，乡（镇）人民政府向县农村土地承包经营管理部门汇交，县级检查汇总后，进行统一的数据整理、分类、核查、拼接和入库处理。
                                                          （   ）

二、思考题

农村土地承包经营权确权的成果包括哪些？

任务二 确权成果检查验收

学习引导

前一个任务完成了农村土地承包经营权确权的成果整理汇总，从任务二开始学习如何进行农村土地承包经营权确权的成果检查验收。任务二以"成果检查验收"为依托，基于生产过程进行成果检查验收的学习。

1. 学习前准备

（1）明确农村土地承包经营权的成果检查验收的意义；

（2）学习成果检查验收的技术要求。

2. 与后续项目的关系

完成农村土地承包经营权确权的成果检查验收，也就完成了农村土地承包经营权所有工作任务，为后续开展项目实战做准备。

 **学习目标**

1. 知识目标

（1）理解农村土地承包经营权确权检查验收的内容；

（2）学会农村土地承包经营权确权检查验收的方法；

（3）学会农村土地承包经营权确权检查验收的流程。

2. 能力目标

（1）能够根据实际需要对土地经营权确权的检查验收结果进行评定；

（2）能够根据实际需要对土地经营权确权的成果检查验收提出注意事项。

3. 素质目标

（1）提高信息技术学习和使用能力；

（2）增强重规范、守安全、守红线的意识；

（3）提高遇到实际情况，灵活处理问题的能力。

案例导入

农村土地承包经营权确权登记的验收

农村土地承包经营权确权登记工作事关农民的长久之计，直接影响农民的切身利益，整个项目的实施实行全程质量控制，把握关键环节，守好质量关口，必须做细做实。技术承担单位以 ISO 9001 质量管理体系为指导，对项目全过程、分阶段进行质量控制。为保证项目的顺利进行，各技术单位成立质检组，质检员必须以高度的责任感负责 100% 检查各工序质量情况，发现问题立即整改。

农村土地承包经营权确权登记工作坚持进度服从质量。采取县级自查、地市核查、省级验收的方式，成果实行二级检查一级验收制度。成果质量经技术承担单位自查、互查，最终检查合格后由县、区确权办开展自查。具体流程包括：县级自查合格后提交地市级确权办核查，核查合格后向省确权办提交省级验收申请书面报告，由省确权办组织成果验收。成果质量检查贯穿农村土地承包经营权调查全过程，各级检查和核查一旦发现问题，均应及时处理和整改，各级检查均应做好检查记录并编制检查报告或验收报告，记录和报告应有具体的负责人签章或单位签章信息，以确保调查成果质量。

任务布置

请同学们思考：农村土地承包经营权确权的验收内容、流程及注意事项。

任务分析

本次任务主要介绍确权检查验收的内容与方法、检查验收的流程、检查验收中止及注意事项、检查验收的结果评定。

任务准备

农村土地承包经营权调查的最后阶段为成果验收，这一阶段主要是对前面所有工作的总结和对成果的验收，涉及的内容较多，清单较为复杂。农村土地承包经营权调查成果检查验收内容与清单见表 6-4。

表 6-4　农村土地承包经营权调查成果检查验收内容与清单

成果名称	清单内容	备注
调查成果	调查成果包括"六表两图"（摸底调查表、发包方调查表、承包方调查表、承包地块调查表、调查信息公示表、公示结果归户表、调查草图、地块分布图）、农村土地承包经营纠纷调解仲裁结果材料、完善后的农村土地承包合同、土地承包台账等	
登记成果	登记成果是在调查成果的基础上形成的阶段性成果，包括农村土地承包经营权登记申请材料、登记申请审批材料、农村土地承包经营权登记簿、农村土地承包经营权证书等	
信息化建设成果	信息化建设成果是在登记成果的基础上进行信息化，包括农村土地承包经营权确权登记数据库、农村土地承包管理信息系统、农村土地承包经营权确权登记颁证过程中形成的数字化档案资料等	农村土地承包经营权确权登记数据库
其他成果	这些成果主要包括工作方案、实施方案、技术设计书、招投标结果公告、工作报告、技术报告、会议纪要、工作简报，检查验收、确权登记颁证工作涉及的组织实施和政策、技术文件，以及本行政区内的县级行政区、发包方和承包方清单等	

 **任务实施**

【任务 6-3】列出农村土地承包经营权确权成果的检查验收流程。

视频：成果
检查验收

一、检查验收的内容与方法

PPT：成果
检查验收

（一）检查验收的内容

检查验收的主要内容包括成果过程性资料检查和最终成果的检查：①成果完整性检查；②总体技术方法检查；③工作保障落实情况检查；④农村土地承包经营权登记成果完成情况检查；⑤农村土地承包经营权调查成果完成情况检查；⑥农村土地承包管理信息化建设成果

完成情况检查；⑦其他成果资料检查。

（二）检查验收的方法

检查验收工作主要包括内业查看和内业检测及外业抽样检测。该项工作的重点是检查确权登记颁证成果的真实性、完整性和规范性。

二、检查验收的流程

检查验收工作按照以下流程进行。

（一）检查申请和受理

接受检查方（简称"受检方"）按要求进行自查，完成自查后编制自查报告；受检方完成本辖区内总体完成情况判断，填写《总体完成情况检查表》；受检方向上级确权部门提出检查验收书面申请，申请检查。

检查方接收下级确权部门的检查验收申请，并做出是否同意受理检查的决定。

如受理检查验收申请的，则应按如下要求做好组织准备。

（1）成立检查验收小组，根据需要推荐确定组长，确定外业小组和内业小组的专家组成员。检查验收组专家的专业背景应涵盖农经、空间数据库、土地资源管理、测绘地理信息、档案管理、信息化等相关领域。

（2）确定外业抽样检测的区域，确定检查线路、具体检查方法和时间安排，并根据需要准备外业检查所需的仪器和设备；研究确定内业资料检测的重点、具体检查方法和时间安排。

（3）告知被检查验收单位需要配合的具体事项（包含时间、地点和任务）。

（4）召开检查验收工作布置会，准备进行检查验收。

检查方如不受理检查验收申请的，应及时告知受检方不受理的原因及相关事项。

（二）检查工作准备

受检方在接到检查方做出的受理检查决定后，应做好相关资料、仪器和组织准备。

1. 资料准备内容

（1）农村土地承包经营权调查成果资料，包括摸底调查表、发包方调查表、承包方调查表、调查信息公示表、承包地块调查表、公示结果归户表等表格；调查草图、地块分布图等图件；农村土地承包经营纠纷调解仲裁结果材料、完善后的农村土地承包合同、土地承包台账等其他资料。

（2）农村土地承包经营权登记成果资料，包括农村土地承包经营权登记申请审批材料和农村土地承包经营权登记申请材料、农村土地承包经营权登记簿、农村土地承包经营权证书等。

（3）农村土地承包管理信息化建设成果资料，包括农村土地承包经营权确权登记数据库、农村土地承包管理信息系统、农村土地承包经营权确权登记颁证过程中形成的数字化档案资料等。

（4）其他成果资料，包括工作方案、实施方案、技术设计书、工作报告、技术报告、会议纪要、工作简报、招投标结果公告，检查验收、确权登记颁证工作涉及的组织实施和政策、技术文件，以及本行政区内的县级行政区、发包方和承包方清单等。

2．仪器和组织准备内容

（1）成立检查验收工作组，组员推荐确定检查验收小组组长，并进一步细化确定外业小组和内业小组专家成员。

（2）研究确定外业抽查的工作计划：包括抽查区域及线路、具体方法、要求及时间安排。

（3）研究确定内业资料检查的工作计划：包括检查重点、具体方法、要求及时间安排。

（4）仪器设备：准备调查所需的仪器设备，列出详细清单。

（5）具体事项：告知被检查验收单位需要协助与配合的具体事项。

（6）召开会议：召开检查验收土地经营权确权的工作布置会，介绍检查验收的具体情况，听取被检查验收单位的报告，质询与答疑检查验收情况，布置内外业检查工作。

（三）确定抽样样本

检查验收时，针对不同的基本单位，采取和执行不同的检查/判断内容，详见表6-5。

表6-5　不同检查/内容的基本单位

序号	检查/判断内容		基本单位
1	总体工作完成情况		县级行政区
2	成果完整性情况		县级行政区
3	总体技术方法情况		县级行政区
4	工作保障落实情况		县级行政区
5	农村土地承包经营权调查成果完成情况	发包方调查成果完成情况	发包方
		承包方调查成果完成情况	承包方
		承包地块调查成果完成情况	承包地块
6	农村土地承包经营权登记成果完成情况		县级行政区
7	农村土地承包管理信息化建设成果完成情况		县级行政区
8	其他成果资料检查		县级行政区

省、市和县级在检查验收时抽样样本量各不相同，以县级行政区为基本单位检查验收的，各级检查根据检查内容进行全检；以发包方和承包方及承包地块为单位的，各级检查按照表6-6检查验收抽样样本量抽取样本，根据侧重点进行检查。

表 6-6　检查验收抽样样本量*

基本单位	县 级 自 查	市 级 核 查	省 级 验 收
	一县级自查不需要抽样，用"____"表示	覆盖辖区内 100% 的县级行政区	覆盖辖区内 100% 的县级行政区
发包方	覆盖辖区内 100% 的乡（镇）且每个乡镇不少于 2 个村，全县抽检不少于 30 个发包方	覆盖辖区内 30% 的乡（镇）且每个受检县级行政区内抽检不少于 5 个发包方	每个受检县级行政区内抽检不少于 3 个发包方，每个标段至少一个发包方
承包方	在每个受检发包方范围内抽检不少于 5 个承包方	在每个受检发包方范围内抽检不少于 5 个承包方	在每个受检发包方范围内抽检不少于 5 个承包方
承包地块	在每个受检发包方范围内抽检不少于 30 块承包地	在每个受检发包方范围内抽检不少于 30 块承包地	在每个受检发包方范围内抽检不少于 30 块承包地

　　* 市级检查和省级验收要求 100% 覆盖，此表参考《湖南省农村土地承包经营权确权登记颁证成果检查验收办法》。

　　开展检查验收过程中，由受检方提供发包方清单、承包方清单及历次检查验收样本抽取情况给省市县的确权部门，由省市县的确权部门随机抽取检查验收样本。

　　为提高样本代表性，在选择样本时，应充分顾及行政区划、兼顾不同类别，重点考虑土地承包经营情况、招标和投标的标段差异、作业区的划分、地形地貌等情况。

　　在进行对同一县级行政区不同级别的检查验收时，为避免重复抽取，应避免选择已被抽取过的地块。

　　如发生特殊情况，在检查验收时需改变和调整抽样的样本量，则由接受检查验收的确权部门，对发包方、承包方、承包地块的数量做适当调整，并向上级确权部门上报和备案。

（四）内业和外业检查

　　检查验收组分为内业检查小组和外业检查小组，两个检查小组各自进行检查工作。

　　内业检查小组按照检查验收办法对确权的过程资料和成果资料逐一进行审查，并做好检查记录。外业检查小组按照检查验收办法，对调查成果进行外业实地检查与对照，进一步审查成果资料的准确性，并做好检查记录。

　　在检查过程中，受检单位应和检查验收组紧密联系，积极做好配合工作。当检查验收组针对内业和外业检查情况有疑惑并提出质询时，受检单位应针对质询进行答疑。

　　内业和外业检查内容较多，根据工作要求可概括为：①成果完整性检查；②总体技术方法检查；③工作保障落实情况检查；④农村土地承包经营权调查成果完成情况检查；⑤农村土地承包经营权登记成果完成情况检查；⑥农村土地承包管理信息化建设成果完成情况检查；⑦其他成果资料检查。

　　1. 成果完整性检查

　　成果完整性的检查可采取内业查看的方式进行，检查完后可根据检查情况填写整体检查记录表（见附表 13）。

2. 总体技术方法检查

总体技术方法的检查可采取内业查看的方式进行，检查完后可根据总体技术方法检查结果填写整体检查记录表（见附表 13）。

3. 工作保障落实情况检查

工作保障落实情况的检查采取内业查看与外业抽样检测相结合的方法进行，检查完后可根据检查内容及检查记录填写工作保障落实情况检查表（见附表 14）、承包方外业检查记录表（见附表 17）的相关栏。

4. 农村土地承包经营权调查成果完成情况检查

（1）发包方调查成果的检查采取内业查看与外业抽样检测相结合的方法进行。检查完后可根据内业和外业检查内容、结果，将检查情况填写在承包经营权调查完成情况检查表（见附表 15）的"发包方调查"栏；其中外业抽样检测内容及结果填写在发包方外业检查记录表（见附表 16）。

（2）承包方调查成果的检查采取内业查看与外业抽样检测相结合的方法进行。根据内业和外业检查内容、结果，将检查情况填写在承包经营权调查完成情况检查表（见附表 15）的"承包方调查"一栏，外业抽样检测结果则填写至承包方外业检查记录表（见附表 17）。

（3）承包地块调查成果检查采取内业查看与外业抽样检测相结合的方法进行。根据内业和外业检查内容、结果，将检查情况填写在承包经营权调查完成情况检查表（见附表 15）的"承包地块调查"一栏，外业抽样检测的情况填写在承包地块调查成果外业检查记录表（见附表 18）

（4）审核公示成果的检查采取内业查看与外业抽样检测相结合的方法进行。根据内业和外业检查内容、结果，将检查情况填写在承包经营权调查完成情况检查表（见附表 15）的"审核公示"一栏，外业检查情况填写在承包方外业检查记录表（见附表 17）中的"外业检查结果"相关栏中。

5. 农村土地承包经营权登记成果完成情况检查

农村土地承包经营权登记成果完成情况的检查采取内业查看与外业抽样检测相结合的方法进行。根据检查内容、结果，将检查情况填写在承包经营权登记成果完成情况检查表（见附表 19），外业抽样检测结果填写在承包方外业检查记录表（见附表 17）中的"经营权证是否发放"一栏中。

6. 农村土地承包管理信息化建设成果完成情况检查

农村土地承包管理信息化建设成果完成情况的检查采取内业检查和内业检测的方法。根据内业检查内容、结果，将检查情况填写在农村土地承包管理信息化建设成果完成情况检查表（见附表 20），数据库成果的检查内容见农村土地承包经营权确权登记数据库质量检查内容表（见附表 21），并将情况填入表内。

7. 其他成果资料检查

其他成果资料的检查没有具体的参考依据，主要是检查文字的表达、数据是否一致。比如检查文字内容是否齐全，文字内容是否符合农村土地承包经营权确权登记颁证有关规程和规范的要求，报告内容表达是否准确、清晰、流畅，条理性是否强，报告中引用的表格数据与数据库中的数据是否一致等。

（五）检查通报和验收

检查验收完所有资料后，检查验收组根据检查区域的农村土地承包经营权确权登记颁证的内业与外业检查记录、检查验收评分、检查验收结果评定的具体情况，形成检查验收报告。检查验收报告的内容和具体要求详见表 6-7。

表 6-7　检查验收报告内容和具体要求

检查验收报告内容	具体要求
工作评价	对组织领导、经费落实、工作计划安排及农村土地承包经营权确权登记颁证工作领导小组在确权登记颁证工作中的业务指导和质量监管等方面的情况作出评价
成果评价	根据检查验收情况，实事求是地对成果进行评价
整改意见	列出所发现的问题或缺陷，要求在规定的时间内进行整改
检查验收结论	确定是否通过验收或出具检查结论
检查验收组签名	组长和组员签名

当检查验收报告形成后，检查验收小组的专家组成员对此次确权检查验收情况进行总结，并向接受检查验收单位通报此次检查验收情况，并宣布检查验收结果。

三、检查验收中止及注意事项

1. 检查验收中止

有下列基本情形之一的，应评定为不合格，检查验收组可决定中止检查验收。

（1）除争议地外，农村土地承包经营权确权登记颁证工作未完成；

（2）提交的确权成果资料不完整；

（3）无确权的技术设计书，包括技术方案和工作方案；

（4）技术路线严重偏离国家规程、规范要求；

（5）因确权登记不合理导致群体性上访且问题尚未解决的；

（6）其他不合格的情形。

2. 注意事项

（1）行政区编码：由县级统一标准，各县及相关单位（民政、统计、国土）规定每个标段必须采用同一编码规则；

（2）坐标系问题：①有 2000 国家大地坐标系，必须采用 2000 国家大地坐标系；②若没有 2000 国家大地坐标系，技术单位需在开展工作前将其转换成 2000 国家大地坐标系；③各技术单位已用 1980 西安坐标完成项目，需统一转换 2000 国家大地坐标系再建库。

四、检查验收评分与结果评定

1. 检查验收评分

检查验收的评分采取百分制，即满分为一百分。各类检查内容：工作保障落实情况、农村土地承包经营权调查完成情况、农村土地承包经营权登记完成情况、农村土地承包管理信息化建设情况的满分均为一百分，各类检查验收内容评分权重见表6-8。

表6-8 各类检查验收内容评分权重

检查验收内容	评分权重
S_1：工作保障落实情况（满分为100分）	$P_1=0.1$
S_2：农村土地承包经营权调查完成情况（满分为100分）	$P_2=0.4$
S_3：农村土地承包经营权登记完成情况（满分为100分）	$P_3=0.3$
S_4：农村土地承包管理信息化建设情况（满分为100分）	$P_4=0.2$

省、市、县级检查中，各检查要素的分值见：工作保障落实情况检查表（附表14）、承包经营权调查完成情况检查表（附表15）、承包经营权登记成果完成情况检查表（附表19）、农村土地承包管理信息化建设成果完成情况检查表（附表20）。

以发包方、承包方、承包地块为基本单位的检查内容，计分方法按合格比例来计算各要素得分（小数点后保留两位有效数字）。计算公式：要素得分＝要素分值×合格样本数÷总样本数。

2. 检查验收结果评定

结果评定可分为检查结果评定和验收结果评定两个层次。检查验收结果评定按表6-9执行。

表6-9 检查验收结果评定

检查验收得分	检查结果评定	验收结果评定
$90 \leqslant S \leqslant 100$	优秀	合格
$75 \leqslant S \leqslant 90$	良好	
$60 \leqslant S \leqslant 75$	合格	
$S<60$ 或 S_i（$i=1,2,3,4$）<60	不合格	不合格

检查验收得分 S 计分方法：$S=S_1 \times P_1 + S_2 \times P_2 + S_3 \times P_3 + S_4 \times P_4$

3. 检查验收后处理

经县级自查、市级核查、省级验收，再经国家级抽查过程时，若发现成果不符合政策要求和技术标准，应及时提出处理意见，督促被检查验收单位抓紧整改、完善技术成果。

检查验收不合格的成果，被验收单位应抓紧整改后重新申请验收该成果。

检查验收工作完成后，受检方应建立检查验收工作档案。检查验收的申请、通知、检查表、检查报告或验收报告、整改报告都应纳入档案内容。

任务评价

任务完成情况的评价与分析如表 6-10 所示。

表 6-10　任务完成情况评价与分析

序号	评价内容	自我评价	他人评价	评价分析	自我改进方案
1	工作态度				
2	分析问题能力				
3	解决问题能力				
4	创新思维能力				
5	任务结果正确度				

思考练习

一、判断题

（1）农村土地承包经营权确权在检查验收阶段可列出所发现的问题或缺陷，可以不进行整改。　　　　　　　　　　　　　　　　　　　　　　　　　　　　（　）

（2）农村土地承包经营权确权的检查验收在选择样本时，应充分顾及行政区划、农村土地承包经营情况、地形地貌、招投标标段或作业区划分等情况，兼顾不同类别，提高样本代表性。　　　　　　　　　　　　　　　　　　　　　　　　　　　　（　）

（3）受检方在接到检查方做出的受理检查决定后，应做好资料、仪器等准备。　（　）

二、思考题

（1）用思维导图绘制农村土地承包经营权确权的检查验收工作的流程。

（2）农村土地承包经营权确权的检查验收需要准备哪些资料？

项目七　内外业一体化生产实践

任务一　数据录入及编辑

视频：数据
录入及编辑

PPT：数据
录入及编辑

学习引导

通过本任务完成农村土地承包经营权确权的数据录入及编辑工作，将学习如何使用 QMapV2007 程序进行数据上图、属性录入等操作。

1. 学习前准备

（1）了解 QMapV2007 程序的功能和运行环境要求。

（2）学习数据录入及编辑的相关知识，包括地块边界绘制、地块标识绘制、界址点添加、属性录入等。

2. 与后续项目的关系

数据录入及编辑是农村土地承包经营权确权内业生产的首要环节，为后续任务二数据检查及图表输出提供初始数据。

学习目标

1. 知识目标

（1）熟悉 QMapV2007 程序的安装和使用方法；

（2）掌握农村土地承包经营权确权数据录入及编辑的流程和要求。

2. 能力目标

（1）能够熟练使用 QMapV2007 程序进行数据上图和属性录入；

（2）能够准确判断和解决数据录入及编辑过程中出现的问题。

3. 素质目标

（1）具有细致、认真的工作态度，能确保数据的准确性；

（2）提高独立思考、自主学习能力；

（3）培养学生脚踏实地、一丝不苟的工作精神和精益求精的职业素养。

案例导入

四明山乡农村土地承包经营权确权工作面临挑战

祁东县西部边陲的四明山乡，因其独特的地理位置和复杂的地形，在农村土地承包经营权确权登记工作中面临着诸多挑战。该乡南、西、北分别与冷水滩区、东安县、邵阳县接壤，东与太和堂镇毗邻，离县城 82 千米，森林覆盖率高达 85%。四明山乡地形复杂，地块分散且形状不规则，最小的地块不足 0.01 亩。在数据上图过程中，不仅需要准确绘制其地块边界线，更要认真录入每块地的权利人名称和地块编号，防止出现权属错误。

任务布置

请同学们思考：农村土地承包经营权确权数据录入及编辑过程中需要注意的关键步骤和技巧。

任务分析

数据录入及编辑工作是农村土地承包经营权确权的关键步骤，需要严格按照相关要求和流程进行操作，确保数据的完整性和准确性。

任务准备

一、QMapV2007 程序介绍

QMapV2007 程序主要用于农村土地权属调查的内外业一体化生产，侧重于外业数据的上图、属性录入，图形拓扑查错，数据的属性逻辑性和完整性检查，以及外业九种表格和三种主要图形成果的输出。

二、数据录入及编辑的基本流程

1. 程序安装

QMapV2007 程序主要用于农村土地权属调查的内外业一体化生产，其安装需要运行安装包中的文件，并按照提示进行操作，安装完成后在 AutoCAD 2007 中输入命令可出现主程序界面。

2. 数据上图

绘制地块边界：通过在 QMapV2007 中插入 .tif 影像，进行图层初始化，然后使用界址线绘制或先用 Pline 线绘制再匹配属性的方法绘制地块边界，相邻地块共用的界址线只需绘制一条。

绘制地块标识：在地块边界绘制过程中或完成后，可使用地块标识录入地块权利人名称和地块编号，也可复制属性相同的地块标识进行修改上图，对于"填充地块"不录入地块编号。

添加界址点：界址点添加可手动或批量进行，批量添加时可使用"添加界址点（重复点不添加）"功能，但需先打断三条界线相交处。

3. 属性录入

属性录入包括地块标识、界址点、界址线的属性录入，有双击图元要素弹出录入界面、在"编辑属性"选项卡中修改、使用"字段批量编辑器"批量赋值三种方法，对于承包人存在共有的情况，需按规定录入承包共有信息。

4. 图形拓扑检查和地块构建

设置控制图层：右键点击"工具"选项，勾选地块标识和界址线等需要打开的图层，在

进行相交多段线剪断时打开这些图层。

相交多段线剪断：可实现多段线、直线、圆、圆弧、T形交叉处打断和非相交处连接功能，对于 X 形交叉会提示错误。

拓扑验证：对当前打开图层的多段线进行拓扑构面验证，查找多余弧段、悬挂点，解决错误提示后可完成拓扑验证。

构建地块：地块构建会检查面与块标识的配对情况，对于大数据量文件建议先进行相交多段线打断及拓扑验证。

5. 地块编号及界址点设置

地块编号重排：程序会搜索并处理地块编码重号问题，重排后需要将数据库操作中的"将地块信息写至相关信息表"功能再次运行以更新数据库。

界址点设置：可使用"添加界址点（重复点不添加）"功能批量添加界址点，对于界址线改动较大的情况，可重新添加界址点并使用"将界址点融合到最近的界址线节点"功能。

界址点编号："界址点号自动排序"功能以地块编号为主序，界址点相对地块的西北角顺时针为次序进行编号，地块编号重号时需解决后才能成功排序。

界址点、线的属性录入："设置界址点线为默认值"功能可设置界址点、线的默认属性，非默认值需根据实际属性修改，界址线位置的左、中、右输入以界址线的延伸方向为参考。

地块四至填写：根据相邻地块信息，使用"根据相邻边填写四至"功能批量填写地块标识四至信息。

**任务实施**

【任务 7-1】程序安装

程序运行的硬件需求环境：Intel Pentium4 处理器 2.2GHz（推荐），512MB 内存（64 位要求 1GB 内存），65MB 可用磁盘空间（用于安装程序），1024×768 真彩色 VGA 显示器。

程序运行的程序需求环境：Windows XP SP3/Windows 7/Windows Vista、AutoCAD 2007，Windows XP 需要安装 FrameWork3.5。

（1）运行安装包中的 Setup.exe 或 QMapV2007.msi 文件。图 7-1 所示为 QMapV2007 安装界面。

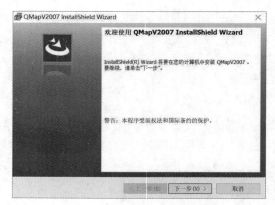

图 7-1　QMapV2007 安装界面

（2）点击"下一步"，按照提示使用默认安装目录（见图7-2）或选择安装目录直至程序安装完成。

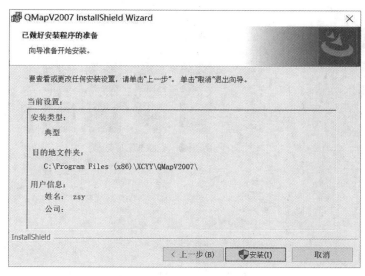

图 7-2　默认安装目录

（3）程序安装完成后运行 AutoCAD 2007，在命令行中输入 StartMUI 即可出现 QMapV2007 使用界面（见图7-3）。

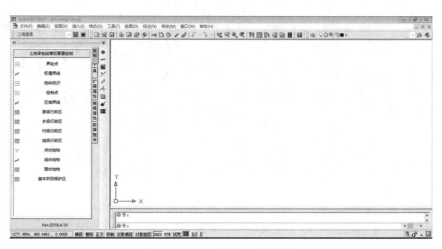

图 7-3　QMapV2007 使用界面

【任务 7-2】数据上图

1. 绘制地块边界

（1）在 QMapV2007 使用界面中选择工具→上图工具→插入 .tif 影像，将需要绘制区域的 1∶2 000 正射影像图插入 AutoCAD。图 7-4 所示为插入 . tif 影像界面。

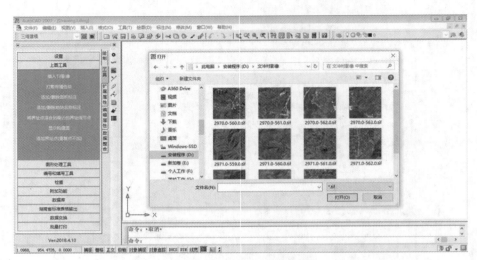

图 7-4　插入 . tif 影像界面

（2）插入影像后，点击工具→图层初始化（见图 7-5），此时会自动生成地块标识、辅助面、界址点、界址线 4 个图层。

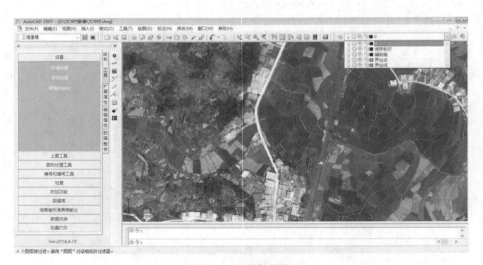

图 7-5　图层初始化

（3）地块边界绘制有两种方法：①使用绘制界面中的界址线绘制；②先用 Pline 线绘制，再用 matchEnt 命令从已有的界址线上匹配属性。绘制界线时并不需要用一条多段线完整封闭地块，可以由多条分段的界线分别进行封闭，对于相邻地块共用的界址线只需要绘制一条即可，程序可以识别由多条多段线封闭的区域形成的地块以及包含子区的地块。图 7-6 所示为地块边界绘制界面。

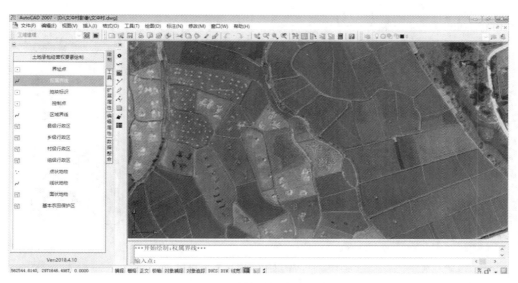

图 7-6 地块边界绘制界面

2. 绘制地块标识

地块边界绘制完成后可以使用绘制界面中的地块标识录入地块权利人名称和地块编号，也可以绘制空白地块标识后再去添加相关属性。图 7-7 所示为绘制地块标识界面。

图 7-7 绘制地块标识界面

也可以将属性存在相同部分的地块标识进行复制后，再修改权利人名称、地块编号等不同属性来进行上图。图 7-8 所示为修改地块标识属性界面。

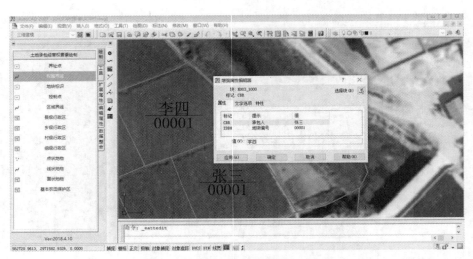

图7-8　修改地块标识属性界面

对于"填充地块"（即该地块为非承包地块，仅仅是标识一个子区或空地，如房屋、水塘、道路等，如图7-9所示）不要录入地块编号，程序将在后续出表和信息统计时忽略该地块。

图7-9　非承包地块的地块标识

3. 添加界址点

界址点添加可以直接使用绘制界面中的界址点绘制，但这种手动添加界址点的方法工作量较大，可以在上图完成并进行拓扑检查后再批量添加。图7-10所示为手动添加界址点界面。

"添加界址点（重复点不添加）"功能将批量在界址线的端点位置添加界址点圆圈符号，对于线相交处只添加一个。由于程序只在线的端点添加界址点，可以在完成"相交多段线剪

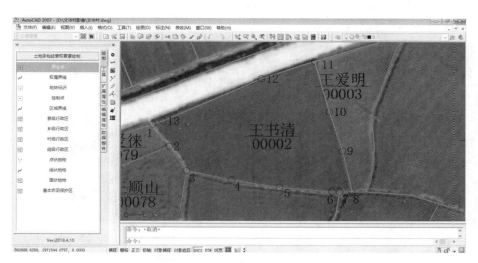

图 7-10　手动添加界址点界面

断"功能后对多条界线相交处进行打断。图 7-11 所示为批量添加界址点界面。

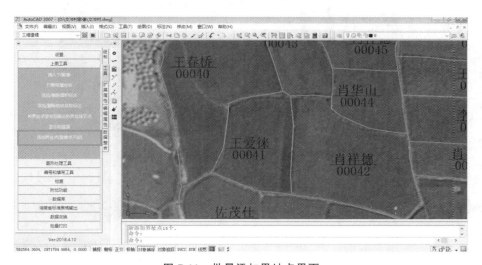

图 7-11　批量添加界址点界面

【任务 7-3】属性录入

属性录入包括地块标识、界址点、界址线的属性录入，主要有三种方法。界址线属性录入应当在完成地块绘制和图形拓扑检查后进行，同时还应该先设置好界址点。录入时对于界址线位置的录入与数据库中要求的内、中、外不一样，而是使用左、中、右表示，这是由于相邻地块共用一条界址线，其无法与数据库要求相一致，录入时应根据界址线的伸展方向来判别界址线位于界标物的左、中、右。在输出地块调查表时，程序将会判别界址线相对于当前输出地块的位置（内、中、外）。

（1）双击"地块标识""界址线""界址点"，程序会弹出相应录入界面，如图 7-12 和图 7-13 所示。

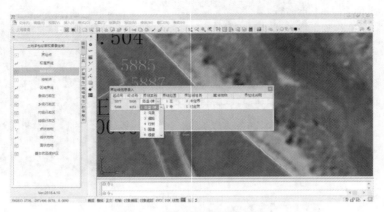

图 7-12 界址线信息录入界面

图 7-13 界址点信息录入界面

（2）选中相应的图元要素，在"编辑属性"选项卡中进行修改。图 7-14 所示为修改地块标识属性界面。

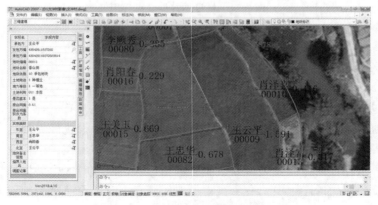

图 7-14 修改地块标识属性界面

（3）使用工具中的"字段批量编辑器"可以对各类型数据进行批量赋值。图 7-15 所示为批量修改地块标识、界址线、界址点属性界面。

图 7-15　批量修改地块标识、界址线、界址点属性界面

也可以在"字段批量编辑器"中将地块标识、界址线、界址点属性数据批量导出到 Excel 文件中，进行相应处理后再导回至 AutoCAD 图形属性中。图 7-16 所示为地块标识属性数据表。

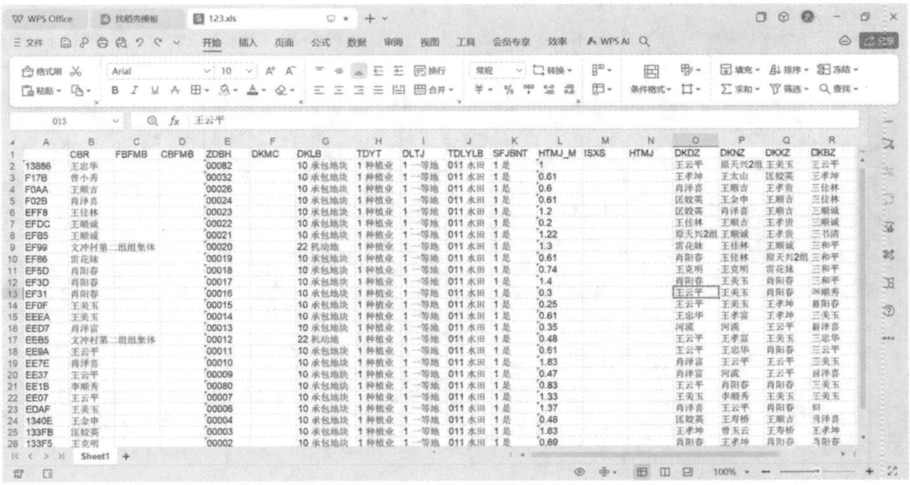

图 7-16　地块标识属性数据表

（4）对于承包人存在共有的情况，需要在承包方编码、承包权利人名称与原合同面积处对应录入承包共有信息，用"，"或"、"进行分隔，如果面积均摊而又无准确的原合同分摊面积时可以不录入，程序在计算时会按已经录入的共有人数进行均摊。图 7-17 所示为承包人共有地块标识。

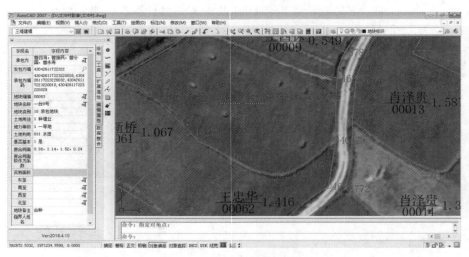

图 7-17　承包人共有地块标识

【任务 7-4】图形拓扑检查和地块构建

1. 设置控制图层

在"工具"选项处点击右键,出现图 7-18 所示菜单。

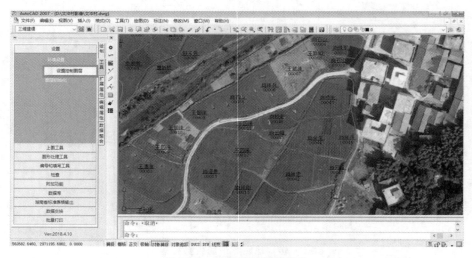

图 7-18　设置控制图层菜单

点击"设置控制图层",出现以下对话框(见图 7-19)。勾选需要打开的图层(一般是地块标识图层和界址线图层),点击"确定"设置完成后,在进行相交多段线剪断时将会将勾选的图层打开,其他的图层关闭。对所有的功能按钮,上述操作都有效,但并不是所有功能选项都需要做这样的设置。

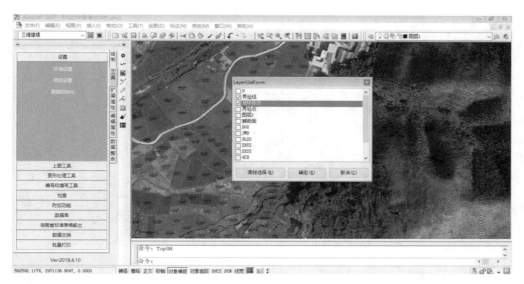

图 7-19　设置控制图层对话框

2. 相交多段线剪断

工具中的"相交多段线剪断"可实现多段线、直线、圆、圆弧、T 形交叉处打断和非相交处连接两个功能。图 7-20 所示为多段线 T 形相交处打断界面。

图 7-20　多段线 T 形相交处打断界面

对于 X 形交叉，程序将提示错误并弹出错误列表（见图 7-21），需要将这一类型错误全部解决后再完成 T 形打断和非相交处连接。

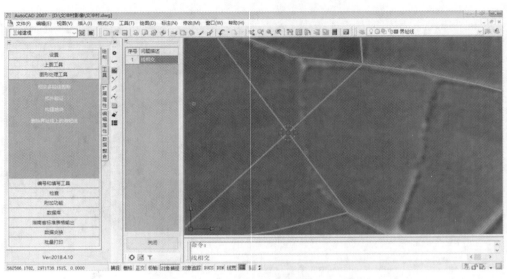

图 7-21　X 形交叉提示错误并弹出错误列表

3. 拓扑验证

对当前打开图层的多段线进行拓扑构面验证，主要查找悬挂点（见图 7-22）、多余弧段（见图 7-23）。多余弧段主要是指构建地块过程中存在的未参与构面的多余多段线。

图 7-22　界址线悬挂点

当程序运行后报存在较多的多余弧段时，遵循左转或右转规则查看是否缺少弧段。一旦发现缺少，就创建一多段线作为弧，再次运行该命令会发现之前的报错少了很多。

图 7-23 未参与构面的多余多段线

将上述错误提示全部解决后即可完成拓扑验证，此时会出现图 7-24 所示的提示界面。

图 7-24 图形拓扑构面无问题提示界面

除非确实需要产生的面要素作其他用途，否则在"是否删除参与构面实体，并将图添加到当前层？"中选择"＜N＞"（否）。程序本身不需要创建可见面，因为这会为今后的图形修改和创建带来不便。

4. 构建地块

地块构建只识别当前程序标识的界址线和地块标识。该功能包含拓扑检查功能，使用此功能前可不进行拓扑验证，但由于检查内容较多，较拓扑验证功能慢，对于大数据量文件建议先运行"相交多段线剪断"及拓扑验证功能再构建地块。构建地块过程中还会检查面与地块标识的配对情况，如果面中存在过多标识或缺少标识将会提示错误。图 7-25 所示为缺乏地块标识的地块。

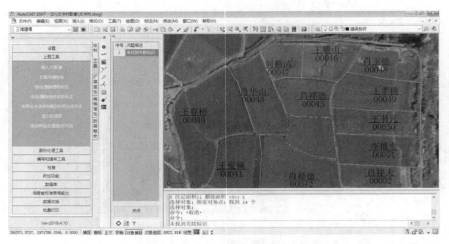

图 7-25　缺乏地块标识的地块

【任务 7-5】地块编号及界址点设置

1. 地块编号重排

程序将搜索已经存在的地块编号，如果存在重号，列表将显示错误，如图 7-26 所示。对于重号处理，可以采取将其中部分地块编号改为一个极大号如 99999，或改为小数形式如 00006.1。前者在重排成功后将变为当前地块编号的最大号，后者如果 00006.1 之前存在空缺编号时将变为 00006 前最小的整数编号，如果 00006 之前不存在空缺编号时将变为 00007，再将其他编号重排，即以实数升序排列后再重排号的方式完成编号的重新排列，以保证地块编号的连续性。（注意：如果在已经进行数据库录入等操作后重排，需要再次运行数据库操作中的"将地块信息写至相关信息表"功能，以使得数据库中的信息得到更新。）图 7-27 所示为地块编号重排界面。

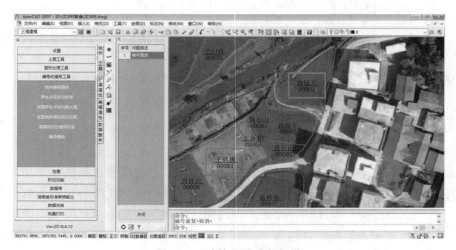

图 7-26　地块编号重复报错

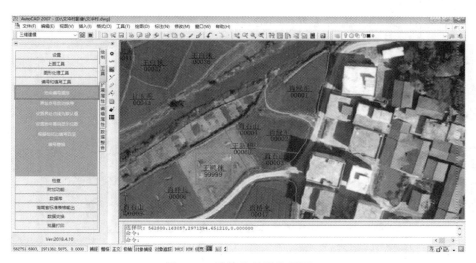

图 7-27 地块编号重排界面

2. 界址点设置

上图工具中的"添加界址点(重复点不添加)"功能可以批量添加界址点,但如果界址线需要大量改动,可以将先前添加的界址点全部删除,再重新批量添加一遍界址点。对于地块边界线上非端点的位置需要添加界址点时,需要按照技术要求进行界址点添加,可以采用界址点绘制或复制界址点的方式进行。由于图面界址线存在改动,有些界址点可能会与界址线端点存在微小的距离之差,使用上图工具"将界址点融合到最近的界址线节点"功能,使界址点与其相隔最近的界址线端点重合,如图 7-28 所示。

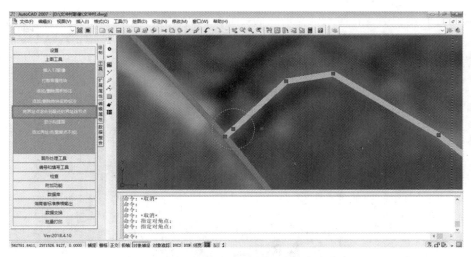

图 7-28 将界址点融合到最近的界址线节点

3. 界址点编号

编号和填写工具中的"界址点号自动排序"功能,以地块编号的顺序为主序,界址点相对地块的西北角顺时针为次序进行编号，如图 7-29 所示。如果地块编号存在重号，程序将列表标识出重号的地块，只有解决重号问题后才可以成功进行排序操作。

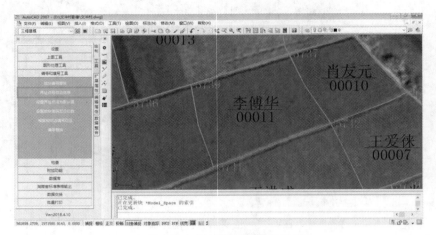

图 7-29　界址点号自动排序

4. 界址点、线的属性录入

农村土地承包经营权调查主要针对农用地，大多数的地块一般以田埂为界，界线位置大多是在中间，界址点大多未设置标志，且采用图解方式获取坐标。编号和填写工具中的"设置界址点线为默认值"提供了批量添加界址点、线默认值功能，如图 7-30 所示。程序将根据要素的标识码识别出界址点、线，并将界址点的界标类型设置为无标志，界址点类型设置为图解法界址点，将界址线的界线类别设置为田埂（垄），界线位置设置为中，界址线性质设置为已定界。对于非默认值的界址点、线，需要根据实际的属性值进行修改。需要说明的是，界线位置的左、中、右输入以界址线的延伸方向为参考，界线位于界标物（如水沟）的左边时输入左，右边则输入右。程序在输出地块调查表时，将根据地块边线参与地块构建情况，自动判别内或外，并识别相邻地块权利人名称。

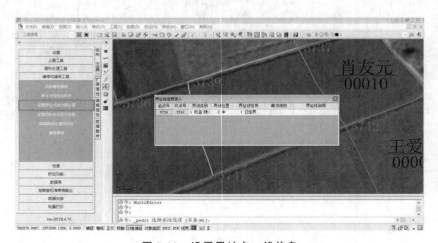

图 7-30　设置界址点、线信息

5. 地块四至填写

四至指的是某块土地四周的界线，一般填写四邻的地块所有者、所有单位的名称或具有明显方位意义、对地块四至描述起关键作用的地物名称，如沟渠、田间道路、独立地物等。编号和填写工具中的"根据相邻边填写四至"，可以根据相邻地块信息批量填写地块标识四至信息，如图 7-31 所示。

图 7-31　批量填写地块标识四至信息

📋 任务评价

任务完成情况评价与分析如表 7-1 所示。

表 7-1　任务完成情况评价与分析

序号	评价内容	自我评价	他人评价	评价分析	自我改进方案
1	工作态度				
2	分析问题能力				
3	解决问题能力				
4	创新思维能力				
5	任务结果正确度				

📋 思考练习

一、判断题

（1）地块边界绘制时，必须用一条多段线完整封闭地块，相邻地块共用的界址线需要绘

制两条。 （ ）

（2）"添加界址点（重复点不添加）"功能将批量在界址线的端点位置添加界址点圆圈符号，对于线相交处只添加一个。 （ ）

（3）地块编号重排时，如果出现地块重号，可以将其中一个地块编号改为一个极大号如99999。 （ ）

二、思考题

（1）数据录入及编辑包括哪些主要步骤？每个步骤的注意事项是什么？

（2）在属性录入过程中，如果承包人存在共有的情况，应该如何处理？

（3）图形拓扑检查和地块构建的主要目的是什么？包括哪些具体操作？

视频：数据检查及图表输出

PPT：数据检查及图表输出

任务二　数据检查及图表输出

📇 学习引导

学习使用 QMapV2007 程序完成农村土地承包经营权确权的数据检查及图表输出工作。

1. 学习前准备

（1）熟悉 QMapV2007 程序中与数据检查及图表输出相关的功能；

（2）了解农村土地承包经营权确权数据检查的要点和图表输出的要求。

2. 与后续项目的关系

数据检查是确保数据质量的重要环节，将为后续的任务三数据整合及成果导出提供准确的数据基础。

📇 学习目标

1. 知识目标

（1）掌握 QMapV2007 程序中数据检查和图表输出的功能操作；

（2）了解农村土地承包经营权确权数据的结构和相关表格的填写要求。

2. 能力目标

（1）能够熟练使用 QMapV2007 程序进行数据检查，发现并解决数据中的问题；

（2）能够正确输出图表，满足农村土地承包经营权确权工作的需要。

3. 素质目标

（1）拥有严谨、细致的工作态度，确保数据检查和图表输出的准确性；

（2）提高解决问题的能力，能及时处理数据检查中发现的问题；

（3）培养学生注重成果质量的"工匠精神"，树立远大职业目标。

案例导入

太和堂镇农村土地承包经营权确权数据检查发现的问题

太和堂镇地处祁东县西部，下辖 2 个社区、25 个行政村，行政区域面积 161.2 平方千米。截至 2018 年末，太和堂镇户籍人口有 59 220 人。2011 年，太和堂镇有农业耕地面积 3.2 万亩。在该地区的确权工作中，由于数据量大且复杂，数据录入过程中出现了各种错误，如图面上出现界址点未落在界址线上、界址点线属性不完整及图形拓扑错误等问题，数据库中则出现了承包地块信息表、发包方属性表、承包方属性表、家庭成员表、承包合同五个属性表填写逻辑性和完整性问题。如果这些问题没有及时发现和解决，将会影响到后续的确权登记和管理工作。

任务布置

请同学们思考：使用 QMapV2007 程序进行农村土地承包经营权确权的数据检查及图表输出流程是怎样的，包括地块信息写入数据库、数据库数据录入、数据检查和图表输出等。

任务分析

数据检查及图表输出是农村土地承包经营权确权工作的重要环节，需要认真对待。在数据检查过程中，要仔细检查图形拓扑、属性录入等方面的问题，确保数据的准确性和完整性。在图表输出时，要根据相关要求输出正确的表格和图形数据，为后续的工作提供有力的支撑。

任务准备

农村土地承包经营权除图形数据外还涉及很多土地承包属性数据，为了减少内外业数据库录入工作量，并保证对数据进行必要的约束，QMapV2007 程序依据相关规范将承包地块及合同信息等数据以数据库的形式存放和管理，并按照相关编码规则自动产生承包合同、承包地块信息及部分承包方、发包方信息，主要涉及的数据表有五个，如图 7-32 所示。

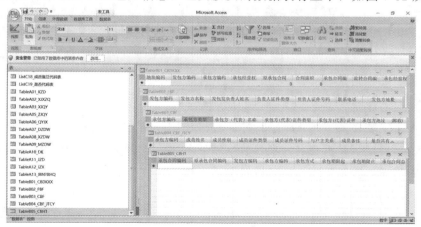

图 7-32　数据库内主要数据表

其中"承包地块信息表"（TableB01_CBDKXX）除承包类型字段需要由作业人员填写外，其他字段均可以由程序产生。"发包方属性表"（TableB02_FBF）由程序根据地块标识中的信息填写发包方编码，作业人员需要录入剩余信息。"承包方属性表"（TableB03_CBF）由程序根据地块标识中的信息填写承包方编码、承包方名称，作业人员需要录入剩余信息。"家庭成员表"（TableB04_CBF_JTCY）程序不填写，需要作业人员按照外业调查内容录入。"承包合同"（TableB05_CBHT）由程序自动产生，不需要作业人员录入。

任务实施

【任务 7-6】 地块信息写入数据库

在完成地块属性录入及地块构建后，才可以将地块信息填写到以上所说的五个主要表格中。程序首先对地块信息进行逻辑性和完整性检查，对于出现的问题程序会产生错误列表，对于批量缺失的属性可以利用"扩展属性批量编辑器"进行统一赋值。地块信息写入数据库，首先需要在环境设置中设置数据库连接，如图 7-33 所示。

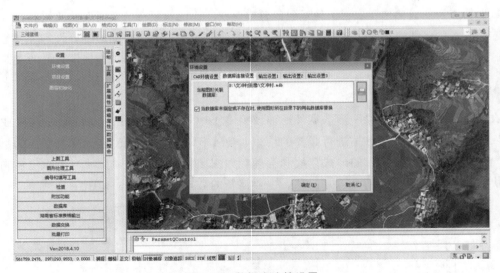

图 7-33 数据库连接设置

可以在程序安装目录下 system 文件夹中找到"土地承包经营权模板.mdb"文件，将该文件复制到项目目录下并重命名为项目数据库的名称，再操作以上步骤即可完成关联。

在数据库写入前，还要先在项目设置中设置项目参数，主要是完成年份、县名和县行政代码，如图 7-34 所示。

图 7-34　在项目设置中设置项目参数

完成数据文件的关联后，即可运行"将地块承包信息写至相关信息表"功能进行数据库的写入，如图 7-35 所示。如果地块信息或图形发生改变，只需重新运行数据库写入功能即可完成更新，数据库中已经录入的其他数据并不受影响。

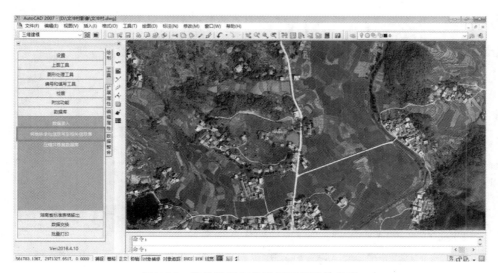

图 7-35　将地块承包信息写至相关信息表

【任务 7-7】数据库数据录入

在完成地块数据的写入后，程序已经在关联数据库中填写了许多信息，对于剩下的信息程序无法自动填写，需要作业人员补录。点击数据库中的"数据录入"功能，会弹出图 7-36 所示的数据录入界面。

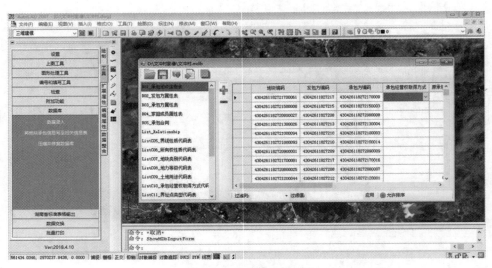

图 7-36　数据录入界面

对于数据库内信息，既可以逐项填写，也可以统一赋值。以"B01_承包地块信息表"的"承包经营权取得方式"为例，如果全部是家庭承包方式，则可以选中"承包经营权取得方式"整列后点击右键进行统一赋值，如图 7-37 所示。

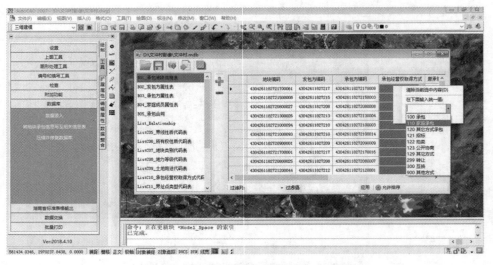

图 7-37　承包经营权取得方式统一赋值

为了方便数据库内信息录入，也可以通过"导入表数据"将调查数据录入数据库，数据导入支持 .mdb、.xls 和 .xlsx 三种格式。以家庭成员信息的导入为例，首先选择相应的数据表，如图 7-38 所示。

图 7-38　导入表数据

选择相应的数据表后，还需要根据源字段设置相应的目标字段（映射设置），如图 7-39 所示。设置好后点击"开始导入"即可导入承包方家庭成员信息，也可以在导入前选择保存映射为 dmp 格式，方便下次使用，如图 7-40 所示。

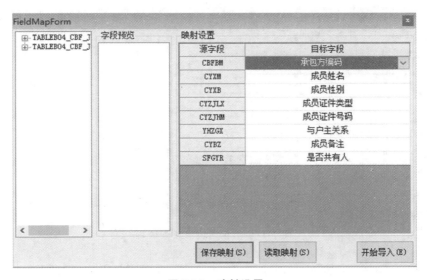

图 7-39　映射设置

"B01_承包地块信息表"中主要填写项有地块编码（DKBM）、发包方编码（FBFBM）、承包方编码（CBFBM）、承包经营权取得方式（CBJYQQDFS）、原承包合同面积（YHTMJ）、合同面积（HTMJ）、合同面积（亩）（HTMJM）、承包合同编码（CBHTBM）、流转合同编码（LZHTBM）、承包经营权证（登记簿）编码（CBJYQZBM），其中流转合同编码为非必填项，除"承包经营权取得方式"外，其余必填项在运行"将地块承包信息写至相关信息表"后都会自动填写，如图 7-41 所示。

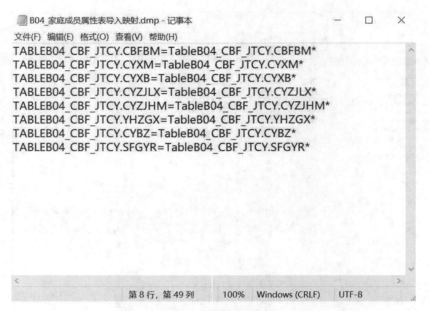

图 7-40　家庭成员属性表导入映射

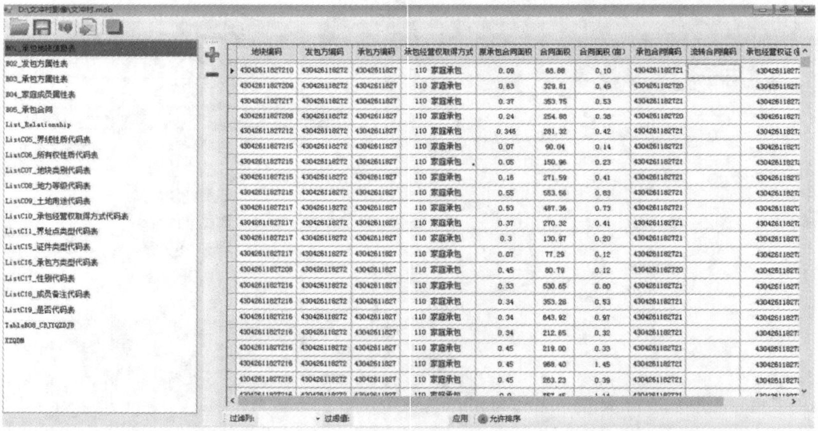

图 7-41　承包地块信息表填写

"B02_发包方属性表"中主要填写项有发包方编码（FBFBM）、发包方名称（FBFMC）、发包方负责人姓名（FBFFZRXM）、负责人证件类型（FZRZJLX）、负责人证件号码（FZRZJHM）、联系电话（LXDH）、发包方地址（FBFDZ）、邮政编码（YZBM）、发包方调查员（FBFDCY）、发包方调查日期（FBFDCRQ）、发包方调查记事（FBFDCJS），其中联系电话为非必填项，发包方编码在运行"将地块承包信息写至相关信息表"后会根据图上信息自动写入，如图 7-42 所示。

图 7-42 发包方属性表填写

"B03_承包方属性表"中主要填写项有承包方编码（CBFBM）、承包方类型（CBFLX）、承包方（代表）名称（CBFMC）、承包方（代表）证件类型（CBFZJLX）、承包方（代表）证件号码（CBFZJHM）、承包方地址（CBFDZ）、邮政编码（YZBM）、联系电话（LXDH）、原合同面积（YHTMJ）、原合同地块数（YHTDKS）、承包方成员数（CBFCYSL）、承包方调查日期（CBFDCRQ）、承包方调查员（CBFDCY）、承包方调查记事（CBFDCJS）、公示记事（GSJS）、公示记事人（GSJSR）、公示审核日期（GSSHRQ）、公示审核人（GSSHR），其中联系电话为非必填项，承包方编码、承包方（代表）名称在运行"将地块承包信息写至相关信息表"后会根据图上信息自动写入，承包方成员数量在"B04_家庭成员表"录入后会自动统计生成，如图 7-43 所示。

图 7-43 承包方属性表填写

"B04 _ 家庭成员属性表"中主要填写项有承包方编码（CBFBM）、成员姓名（CYXM）、成员性别（CYXB）、成员证件类型（CYZJLX）、成员证件号码（CYZJHM）、与户主关系（YHZGX）、成员备注（CYBZ）、是否共有人（SFGYR）、成员备注说明（CYBZSM），家庭成员属性表内的信息都需要手动输入，如图 7-44 所示。

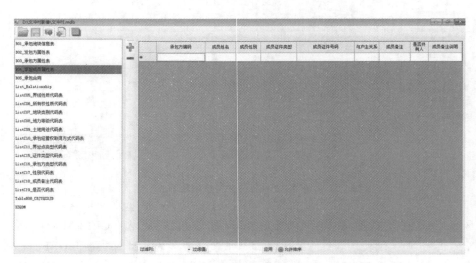

图 7-44　家庭成员属性表填写

"B05 _ 承包合同"中主要填写项有承包合同编码（CBHTBM）、原承包合同编码（YCBHTBM）、发包方编码（FBFBM）、承包方编码（CBFBM）、承包方式（CBFS）、承包期限起（CBQXQ）、承包期限止（CBQXZ）、承包合同总面积（HTZMJ）、承包合同总面积（亩）（HTZMJM）、承包地块总数（CBDKZS）、承订时间（QDSJ），其中原承包合同编码为非必填项，其他除承包期限起和承包期限止以外的填写项在完成"B01 _ 承包地块信息表"中的"承包经营权取得方式"字段的填写后，由程序自动生成，如图 7-45 所示。

图 7-45　承包合同填写

【任务 7-8】数据检查

在完成图形输入及属性录入后，需要进行必要的检查。程序主要提供了前面提到的图形拓扑检查，还提供了部分图形属性及数据检查功能。

"图像插入比例检查"（见图 7-46）是对 .tif 影像插入的比例进行核查，应在上图前进行，以防影像插入比例不对，导致成果图出现误差。

图 7-46　图像插入比例检查

"对象图层属性一致性检查"可以检查界址点、界址线、地块标识图层中是否存在其他类型的对象或者编码为空的对象，检查后程序以列表形式提示错误，如图 7-47 所示。

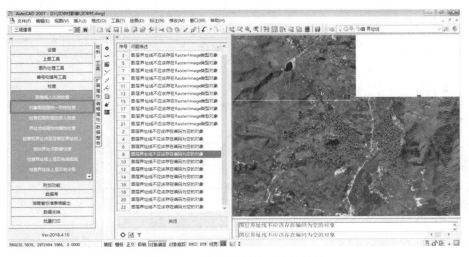

图 7-47　对象图层属性一致性检查

"经营权图形属性录入检查"主要针对地块信息的逻辑性和完整性进行检查，检查后程序以列表形式提示错误，如图 7-48 所示。

图 7-48　经营权图形属性录入检查

"界址点线属性完整性检查"主要检查界址点、界址线属性是否填写完整，检查后程序以列表形式提示错误，如图 7-49 所示。

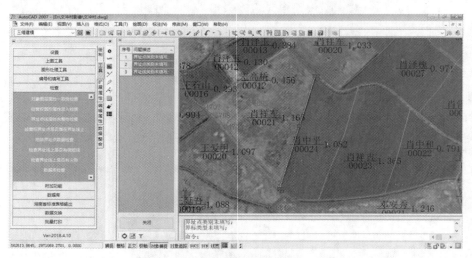

图 7-49　界址点线属性完整性检查

"经营权界址点是否落在界址线上"主要针对界址点、线关系检查，以消除添加过程中界址点未落在界线上的情况，如图 7-50 所示。对于检查出来的错误，可以使用上图工具中的"将界址点融合到最近的界址线节点"功能进行自动修改，但并不能解决所有此类型的错误，对于残余错误需要根据列表中的提示逐一修改。

"检查界址线上是否有微短线（见图 7-51）"和"检查界址线上是否有尖角（见图 7-52）"可以检查界址线中存在的微短线（界址线上相邻节点距离太近）和尖角（两界址线间夹角过小）。检查前可以先在 CAD 环境设置中设置微短线阈值（默认值为 0.05，单位为米）和小角度锐角阈值（默认值为 5，单位为度），如图 7-53 所示。

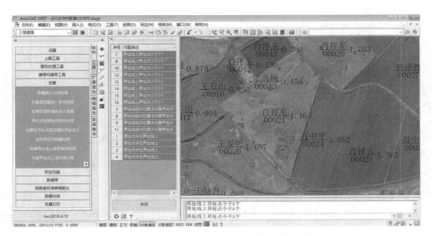

图 7-50 经营权界址点是否落在界址线上

图 7-51 检查界址线上是否有微短线

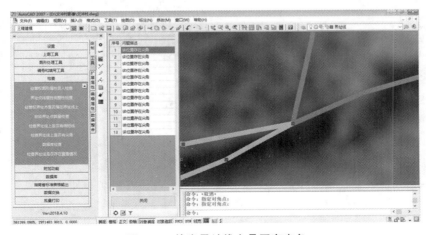

图 7-52 检查界址线上是否有尖角

图 7-53   设置微短线阈值和小角度锐角阈值

"数据库检查"主要针对与 CAD 图形关联的 MDB 数据库录入情况,对承包地块信息表、发包方属性表、承包方属性表、家庭成员属性表、承包合同这五个数据表进行部分逻辑性检查和完整性检查,对于不能为空的填写项,程序在完成数据库检查后会以列表形式显示错误,如图 7-54 所示。

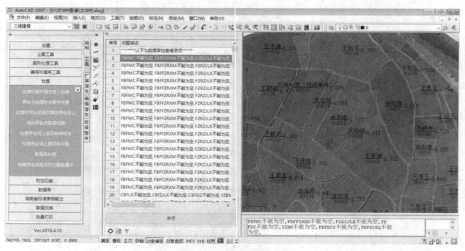

图 7-54   数据库检查

双击错误列表中的任一项即可弹出数据库对应的表格,对于不能为空的填写项,可以在弹出的表格内填写相关信息,也可以直接打开 MDB 数据库中相应的表格进行填写。

"检查界址线是否存在覆盖情况"主要检查图中是否存在界址线重叠现象,检查后程序以列表形式提示错误,双击列表中的任一项即可定位覆盖的界址线位置,如图 7-55 所示。

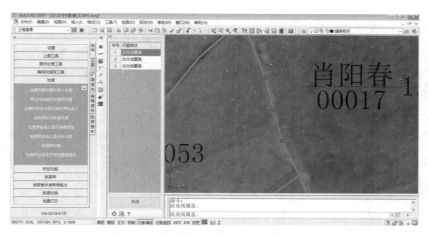

图 7-55　界址线是否存在覆盖情况检查

【任务 7-9】图表输出

1. 表格数据输出

在完成数据的录入、检查和修改后，即可以进行数据表的输出，依据相关技术要求可以输出的表格成果主要有九种，基本能满足外业调查需求，如图 7-56 所示。

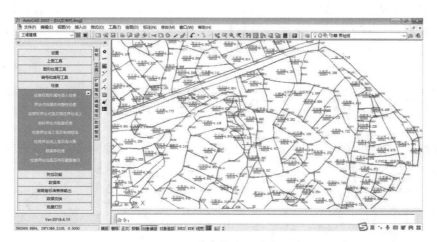

图 7-56　九种表格成果输出形式

表格数据输出不依赖于 Excel 和 Word（即用户计算机可以不安装），输出的格式有 .xls、.xlsx、.docx 等三种。但最终打印输出则需要用户计算机安装有 Word 2007、Excel 2007 或更高版本（Office 2003 安装兼容包后也可）。

注意：表格数据输出时，程序认为数据录入和检查修改工作已经完成，不再对数据进行逻辑性和完整性检查，所以输出前务必在流程上设置检查环节，以免数据未经检查而输出，导致错误成果。

2. 图形数据输出

图形数据输出前一般需要添加地块面积，在上图工具中有"添加/删除面积标注"功能，点击此选项后输入 0 为添加面积标注，输入 1 为删除面积标注，根据需求输入相应数字后再选择所有地块标识即可完成，如图 7-57 所示。

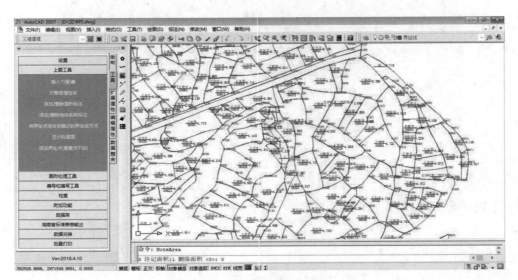

图 7-57　添加/删除面积标注

图形数据输出前一般还需要添加地块名称，在上图工具中有"添加/删除地块名称标注"功能，点击此选项后输入 0 为添加地块名称标注，输入 1 为删除地块名称标注，根据需求输入相应数字后再选择所有地块标识即可完成，如图 7-58 所示。

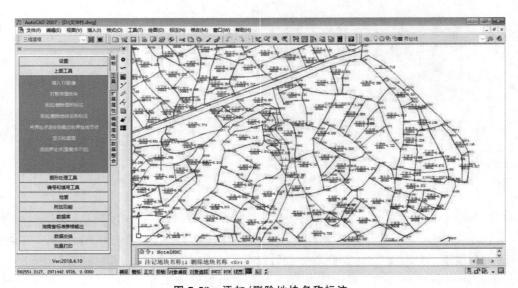

图 7-58　添加/删除地块名称标注

　　添加完成后再进行图形输出时，图面才会具有面积和地块标注。程序输出时将保持当前图形的图纸比例尺，即输出打印的图面线宽、字高、符号大小等与当前的地块图纸空间打印输出的一致，所以应先将当前图形的图纸比例配置好后，再进行图形数据的输出。目前可以输出的图形数据主要有两种：发包方地块分布图和地块示意图，分别如图 7-59 和图 7-60所示。输出时都只输出当前打开图形的可见图层，对于不需要的图层请在输出前关闭，以免图面混乱。注意：程序只对数据进行基本裁剪和复制输出，并不包含自动整饰和智能标注功能。

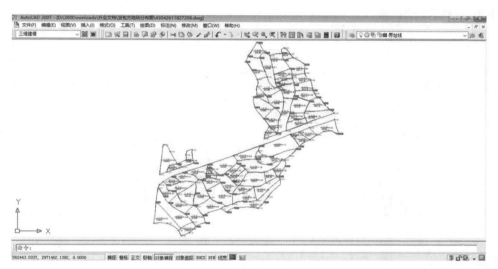

图 7-59　发包方地块分布图

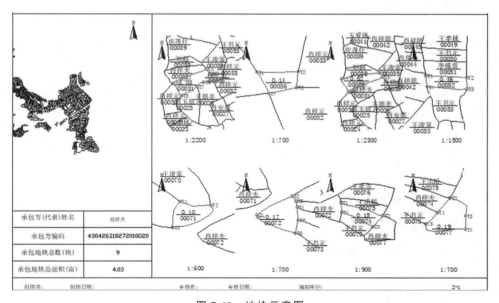

图 7-60　地块示意图

151

输出发包方地块分布图将存在多发包方的同一图形以发包方为单位分离成若干个 DWG 文件，图面未添加图框，需要作业人员为输出后的 DWG 文件加套图框并进行整饰。输出地块示意图以承包方为单位，每张 A4 纸最多输出 8 个地块，对于超过 8 个承包地块的承包方则需添加页进行输出，承包方姓名、编码、承包地块总数、承包地块总面积等相关信息都标注在第一张纸上。

任务评价

任务完成情况的评价与分析如表 7-2 所示。

表 7-2   任务完成情况评价与分析

序号	评价内容	自我评价	他人评价	评价分析	自我改进方案
1	工作态度				
2	分析问题能力				
3	解决问题能力				
4	创新思维能力				
5	任务结果正确度				

思考练习

一、判断题

（1）在进行数据库数据录入时，"B01_承包地块信息表"中的"承包经营权取得方式"可以通过选中整列后点击右键进行统一赋值。   （   ）

（2）表格数据输出时，程序会自动对数据进行逻辑性和完整性检查，用户不需要在输出前进行检查。   （   ）

二、思考题

（1）数据库数据录入包括哪些内容？如何进行数据录入？

（2）数据检查包括哪些方面？各有什么作用？

（3）成果输出包括哪些内容？在进行图形数据输出时需要注意什么？

任务三　数据整合及成果导出

视频：数据整合及成果导出

PPT：数据整合及成果导出

学习引导

通过本任务完成农村土地承包经营权确权的数据整合及成果导出工作，将学习使用 QMap 2007 进行数据整合和成果导出的操作。

1. 学习前准备

（1）熟悉数据整合及成果导出所涉及的软件功能和操作流程。

（2）了解农村土地承包经营权确权数据整合的目的和意义。

2. 与后续项目的关系

本任务中所学习的农村土地承包经营权确权的数据整合及成果导出知识，是后续数据库成果汇交和信息系统建设的基础。

学习目标

1. 知识目标

（1）掌握数据整合的概念和方法；

（2）了解成果导出的相关要求和规范。

2. 能力目标

（1）能够熟练使用软件进行数据整合操作，解决数据接边中出现的问题；

（2）能够正确导出符合要求的成果数据，包括矢量数据、权属数据、汇总表格等。

3. 素质目标

（1）提高发现、分析、解决问题的能力；

（2）提高搜集与整理信息的能力；

（3）培养学生爱岗敬业的职业精神，增强学生的社会责任感。

案例导入

祁东县各标段数据整合工作持续推进

在我国农村土地制度改革持续深入推进的大背景下，祁东县积极开展农村土地承包经营权的确权工作。全县涵盖 20 个乡镇，涉及的农户数量高达几十万，土地地块更是数量庞大。为了更高效地完成土地确权这项重要工作，祁东县将全县区域合理划分为 6 个标段来推进土地确权工作。根据《农村土地承包经营权确权登记数据库成果汇交办法（试行）》（农办经〔2015〕13 号）的要求，各标段完成确权工作后需要对全县数据进行整合和汇交，以确保土地经营权信息的准确性，为后续的土地管理和流转提供可靠依据。

任务布置

请同学们思考：农村土地承包经营权确权的数据整合及成果导出流程，包括数据接边、矢量数据导出等任务。

任务分析

本次任务需要严格按照相关要求和流程进行操作，确保数据的准确性和完整性。在数据整合过程中，需要注意数据接边问题的处理。在成果导出时，需要检查数据的格式和内容，确保导出的成果符合相关标准和规范。

任务准备

1. 数据整合的相关知识

（1）数据整合的目的是方便不同村镇的数据接边及以整县或整标段为单位实现数据的导出。

（2）在数据整合过程中，需要注意外业调查可能导致的面相交、面重叠、空白地块等问题，并通过实地调查和图上修改来解决这些问题。

2. 成果导出的相关知识

成果导出时数据的格式和内容检查主要包括数据完整性、矢量数据、权属数据、栅格数据、元数据、数据一致性等检查。

任务实施

【任务 7-10】 数据整合

为了方便不同村镇的数据接边及以整县或整标段为单位实现数据的导出，QMapV2007软件开发了数据整合功能。此功能主要针对已经完成上图和属性录入的数据进行操作，添加到项目的文件必须先通过任务二的单幅图数据检查，不能加入未通过数据检查的图形，具体步骤如下。

（1）进入数据整合，点击"新建项目"按钮，输入项目名称和存放路径后点击"创建"，如图 7-61 所示。

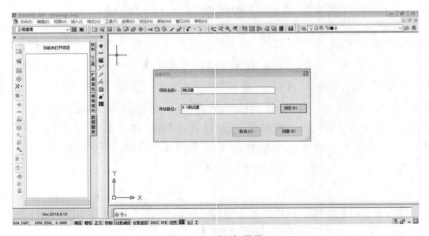

图 7-61　新建项目

（2）创建好新项目后，点击"添加接边文件"按钮添加需要接边的图形，可以多选（见图 7-62）。对于不需要的图形，可以点击"移除选中接边文件"将接边图形从当前项目中删除。

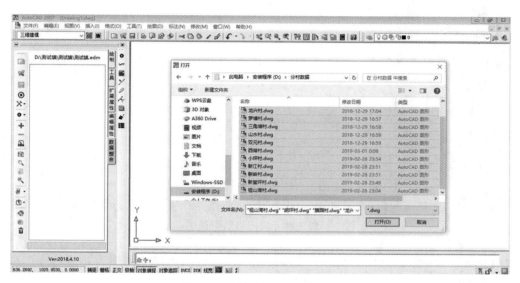

图 7-62 添加需要接边的图形

（3）点击"保存项目"按钮，程序将在存储路径中生成 EDM 文件，如图 7-63 所示。

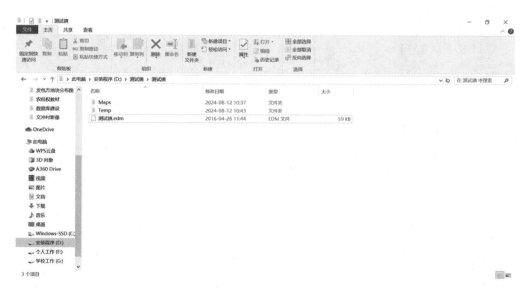

图 7-63 保存的 EDM 文件

点击"关闭当前项目"按钮即可关闭当前项目（见图 7-64）。如需再次打开，点击"打开项目"按钮，选择已保存的 EDM 文件。

图 7-64 关闭当前项目

（4）为了方便数据之间的整合，可以使用"从其他项目导入图形"功能，选择从其他
EDM 文件中导入需要的图形数据，如图 7-65 所示。

图 7-65 从其他项目导入图形

（5）如果图形已经是最终成果，为了防止数据文件丢失和混乱，可以将当前项目中的图
形和数据库移动到项目 Maps 目录中，也可以将项目中关联的无效图形清除，如图 7-66
所示。

图 7-66　数据移动和无效数据清除

（6）添加图形完成后，程序会自动检测相邻的图形，并将有接边的图形用树形结构展示，上图中文件名有"＋"号的图形表示有相邻图形，点击该符号可以展开以查看哪些图形相接，如图 7-67 所示。

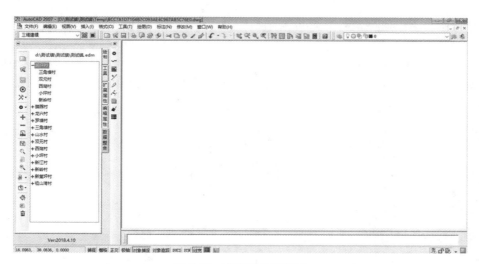

图 7-67　存在接边的图形

（7）选中需要进行接边的图形，点击"载入选中图进行接边"按钮，将选中图形及其子节点中的图形都加载到同一视图中，当选择子节点时加载的只有该节点以及父节点图形（这种情况适用于两图接边）。加载后的不同文件的图形会用颜色进行区分，父节点所指的图形始终是红色，如图 7-68 所示。

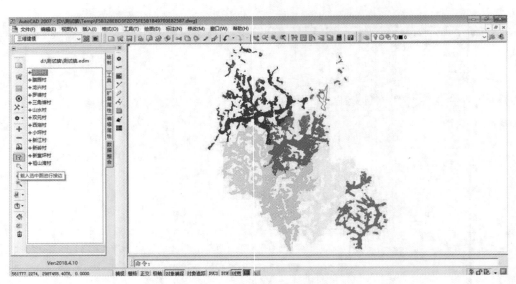

图 7-68　载入选中图进行接边

加载完成图形后立刻保存，在原始图形未修改的情况下，下次加载同一接边图形，程序将直接打开它而不需要重新导入（速度更快）。

（8）在单幅图都已经通过任务二中数据检查的情况下，如果直接进行接边检查，这时可能会显示接边检查未通过，如图 7-69 所示。

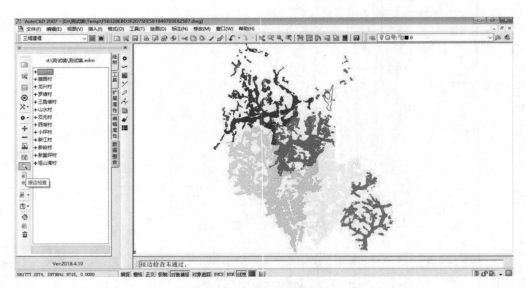

图 7-69　接边检查未通过

外业调查是分村组进行的，这可能会导致接边图形中出现面相交、面重叠，以及由此而产生的空白地块等问题，如图 7-70 至图 7-72 所示。

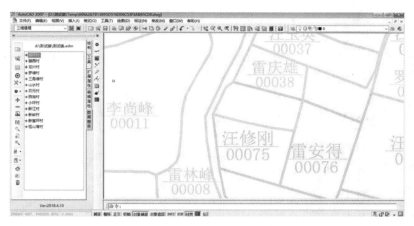

图 7-70 面相交

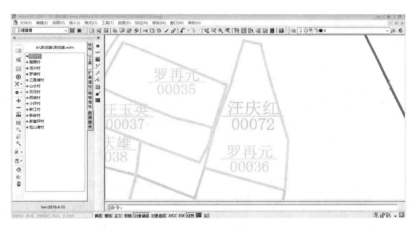

图 7-71 面重叠

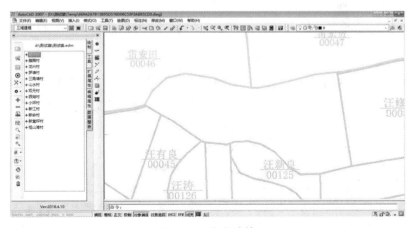

图 7-72 空白地块

（9）为了把这些错误找出来，加载图形后先将相交多段线剪断，再构建地块，这时程序有可能会报错，如图 7-73 所示。

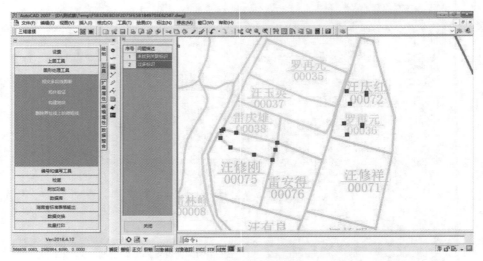

图 7-73　构建地块后报错

（10）针对重构地块后出现的问题，需要通过外业实地调查来确定正确的地块边界，并根据外业调查结果对图上界址线进行修改。需要修改时可以点击"打开选中图形"按钮和"打开选中图形关联的数据库"按钮来单独打开某个村组的图形和数据库进行修改，如图 7-74 和图 7-75 所示。

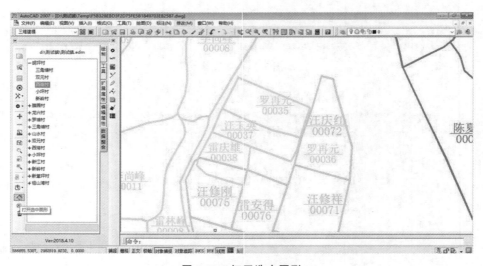

图 7-74　打开选中图形

也可以直接在载入的接边图形上修改，修改后点击"更新选中图形关联的 MDB 数据库"按钮将成果写入对应数据库中，如图 7-76 所示。也可以用更新所有图形关联的 MDB 数据库功能，但是程序会更新所有图形关联的数据库文件，耗时较长。

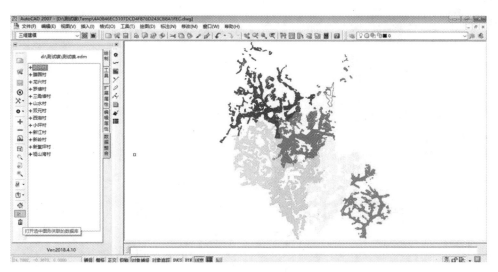

图 7-75 打开选中图形关联的数据库

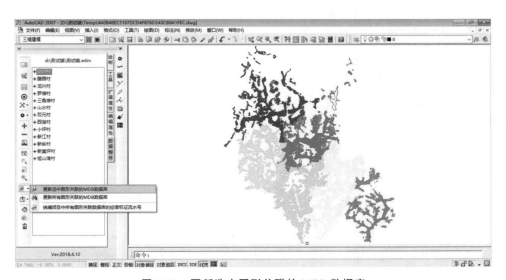

图 7-76 更新选中图形关联的 MDB 数据库

完成修改后，需要对单幅图形进行地块重构，将地块承包信息写至地块表，并通过数据检查，然后再次载入选中图形进行接边，这时就可以看到修改后的图形，如图 7-77 所示。

（11）载入选中图形后，再次进行接边检查，这时候仍然会报错"此处线覆盖"，这是由不同图形的地块界址线重叠导致的，如图 7-78 所示。

（12）为了解决界址线重叠问题，先对整图进行相交多段线剪断和地块重构，再进行接边检查，这时会显示接边检查通过（见图 7-79），至此可以将当前接边文件的图形导出以替换各个原文件中的图形（只替换界址点、界址线、地块标识和辅助面）。

图 7-77　修改后的图形

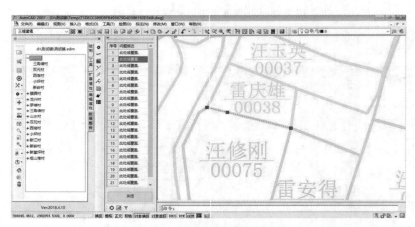

图 7-78　"此处线覆盖"报错

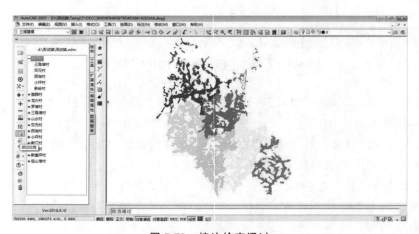

图 7-79　接边检查通过

（13）当接边检查通过后，设置好项目参数，包括完成年份、县名、县行政代码、空间参考等，如图 7-80 所示。

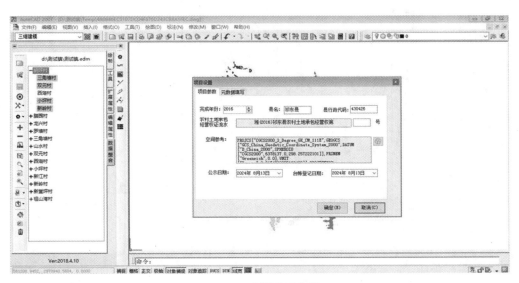

图 7-80　设置项目参数

设置完项目参数后点击"将接边结果写回文件"按钮，当前参与接边的所有原始文件将被替换成接边后的图形，如图 7-81 所示。

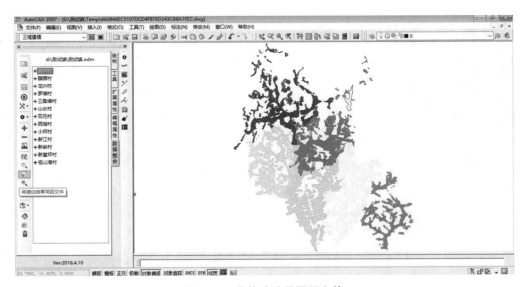

图 7-81　将接边结果写回文件

也有可能出现更新失败的问题，这是由于某个图形未关联数据库文件，如图 7-82 所示。

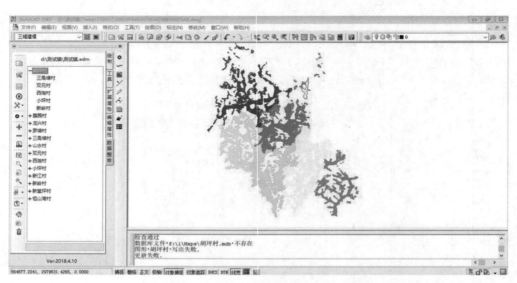

图 7-82　接边结果更新失败

这时可以单独打开这个图形，并进行数据库关联，如图 7-83 所示。如果所有的图形和数据库文件都在 Maps 文件夹中，则不会出现这样的问题。

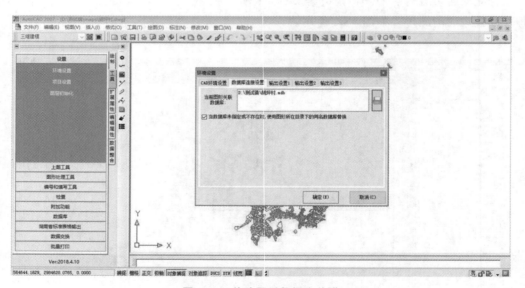

图 7-83　单独图形数据库关联

（14）刚添加的图形文件名背景是白色的，当完成接边检查并写回文件后会变成灰色，如图 7-84 所示。

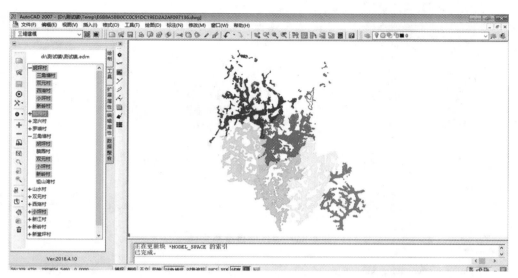

图 7-84　已完成接边检查并写回文件后文件名变成灰色

（15）使用数据库检查功能可以检查哪些图形未完成接边，如图 7-85 所示。

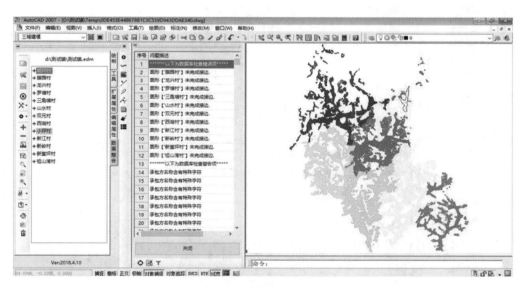

图 7-85　数据库检查

（16）完成所有图形的接边后，就可以清理项目缓存文件，并统编项目中所有图形关联数据库的经营权证流水号，如图 7-86 和图 7-87 所示。

项目中所有图形关联数据库的经营权证流水号统编完成后，数据库文件的 TableB08 _ CBJYQZDJB 表中承包经营权流水号会自动填写，且不会出现相同的流水号，如图 7-88 所示。

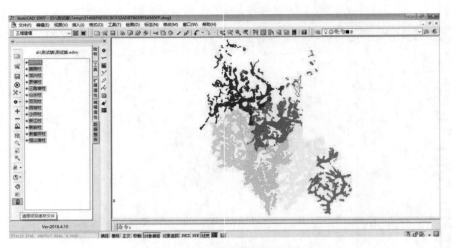

图 7-86　清理项目缓存文件

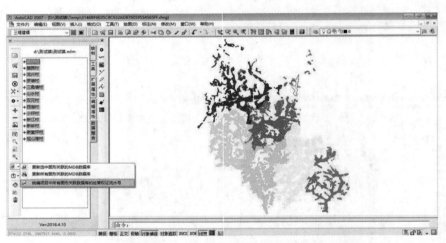

图 7-87　统编项目中所有图形关联数据库的经营权证流水号

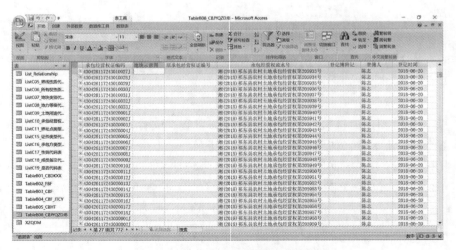

图 7-88　自动填写承包经营权流水号

【任务 7-11】成果导出

完成数据的整合后，需要在软件中导出归档成果，导出步骤如下。

（1）在"项目设置"—"元数据填写"中输入行政区名称、发布日期、行政区代码、完成时间、负责单位名称等信息，如图 7-89 所示。

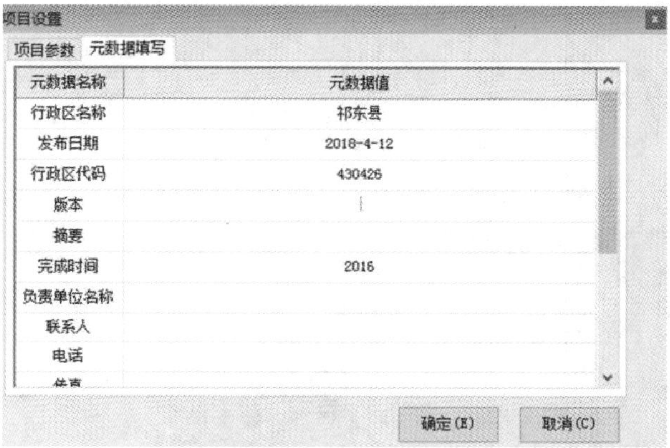

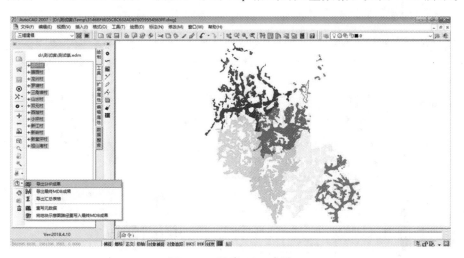

图 7-89 元数据填写

（2）点击"导出 SHP 成果"按钮，导出 shp 格式的矢量数据，如图 7-90 所示。

图 7-90 导出 SHP 成果

这时界面会显示如图 7-91 所示的警告，选择"是"，这时软件会将归档成果内已有的矢量数据覆盖。

（3）点击"导出最终 MDB 成果"按钮，这时软件会将所有村的数据库文件合并为一个格式为 MDB 的权属数据文件及权属单位代码表，如图 7-92 所示。

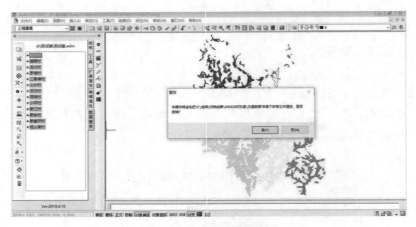

图 7-91　矢量数据覆盖警告

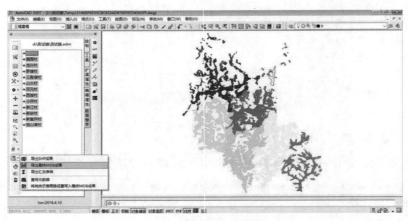

图 7-92　导出最终 MDB 成果

如果在数据整合过程中，没有将完成接边检查的数据写入数据库，则会显示图 7-93 所示报错。这时点击"更新所有图形关联的 MDB 数据库"按钮，更新所有的数据库即可。

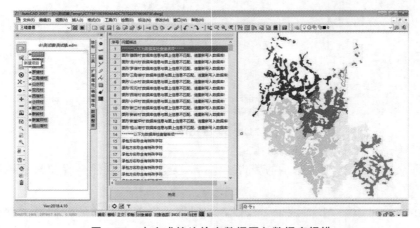

图 7-93　未完成接边检查数据写入数据库报错

完成数据库更新后，即可导出最终 MDB 成果。导出时软件会将存在的问题显示在左侧的列表中，如承包方名称含有特殊字符（见图 7-94）、CBFZJIHM 不能为空等，可以点击问题进行修改。

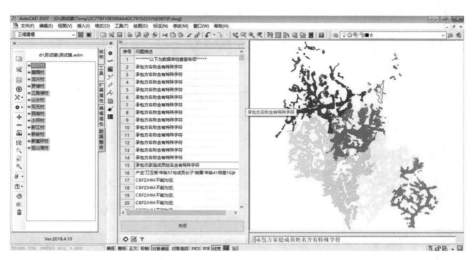

图 7-94　承包方名称含有特殊字符

（4）点击"导出汇总表格"按钮，导出承包方汇总表、地块汇总表等汇总表格，如图 7-95 所示。

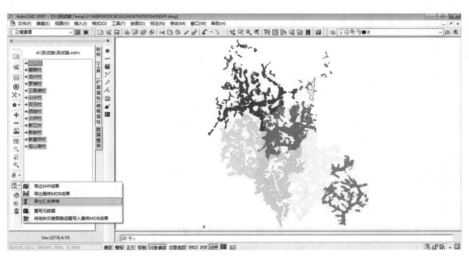

图 7-95　导出汇总表格

（5）由于导出成果功能无法生成地块示意图，需要将任务二中生成的地块示意图全部拷贝至归档成果内的图件文件夹，然后点击"将地块示意图路径重写入最终 MDB 成果"按钮，如图 7-96 所示。

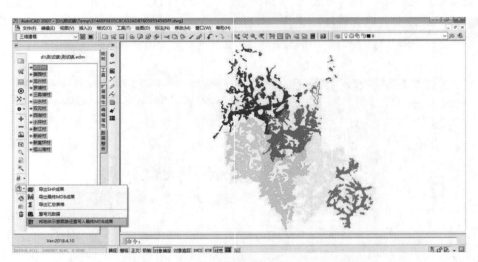

图 7-96　将地块示意图路径重写入最终 MDB 成果

（6）导出所有成果后如果发现填写元数据内容有错误，可以在"项目设置"—"元数据填写"重新填写，并点击"重写元数据"按钮，这时软件会更新所有导出成果中的元数据信息，如图 7-97 所示。

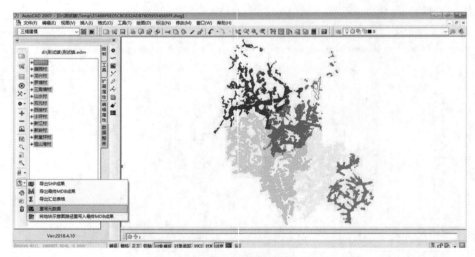

图 7-97　重写元数据

任务评价

任务完成情况评价与分析如表 7-3 所示。

表 7-3　任务完成情况评价与分析

序号	评价内容	自我评价	他人评价	评价分析	自我改进方案
1	工作态度				
2	分析问题能力				
3	解决问题能力				
4	创新思维能力				
5	任务结果正确度				

 思考练习

一、判断题

（1）在数据整合过程中，添加图形完成后，程序会自动检测相邻的图形，并将有接边的图形用树形结构展示，文件名有"＋"号的图形表示有相邻图形。　　　　　　　　　　（　　）

（2）完成所有图形的接边后，使用"将接边结果写回文件"功能时，不会出现更新失败的问题。　　　　　　　　　　（　　）

二、思考题

（1）在数据整合过程中，可能会出现哪些问题？如何解决这些问题？

（2）成果导出的依据是什么？包括哪些内容？

（3）在成果导出过程中，如果发现填写元数据内容有错误，应该如何处理？

附 录

附表 1 发包方调查表

发包方名称	××镇××村××组	发包方编码	43011210200208
发包方负责人 姓名/性别	罗××（男）	联系电话	××××××××××
发包方负责人 地址	××镇××村××组	邮政编码	430×××
发包方负责人 证件类型	☑身份证 □军官证 □护照 □户口簿 □其他	证件号码	431×××××××× ××××××
农村土地所有权情况	□国家所有　　　　　　　　□乡集体经济组织所有 □村集体经济组织所有　　　☑村民小组所有 □其他农民集体经济组织所有		
调查 记事	经调查，该发包方为××镇××村××组。发包方负责人为罗××，发包土地为××镇××村××组集体所有。1994 年与该发包方签订承包合同的共××户，发包土地面积为××亩。 调查人：××× （签字或盖章）		日期：××××年××月××日
审核 意见	 审核人：罗×× （签字或盖章）		日期：××××年 ××月 ××日

172

1．填写要求

（1）每个发包方填写一份。

（2）表中各栏目应填写齐全，不应空项。确属不填或空白的栏目，使用"/"符号填充。

（3）现场填写时，文字内容一律使用蓝/黑色墨水钢笔或签字笔填写，不得使用铅笔、圆珠笔等不利于档案保存的笔填写。填写文字应清晰易辨，一律采用国家标准文字，不得使用谐音字、国家未批准的简化字或缩写名称。

（4）发包方调查表分发包方信息、农村土地所有权情况、调查记事、审核意见四部分，各部分以粗实线进行区隔。

2．填写方法

（1）发包方名称：填写农村土地发包方的全称，以发包方所在乡镇的名称开始，填至乡镇、村（组）级集体经济组织的具体名称。

（2）发包方编码：按本方案编定的发包方编码填写。

（3）发包方负责人姓名/性别：填写发包方当前负责人的姓名、性别。

（4）联系电话：填写发包方当前负责人的联系电话和（或）手机号码。

（5）发包方负责人地址/邮政编码：填写发包方负责人的通信地址及对应的邮政编码。

（6）发包方负责人证件类型/证件号码：选择负责人证件类型，在对应证件类型前画"√"标识，填写相应证件类型的证件号码。选择"其他"证件类型的，需注明证件类型的具体名称，填写相应证件类型的证件号码。

（7）农村土地所有权情况：选择农村土地所有权情况，在对应类型前画"√"标识。

（8）调查记事/调查人：记录发包方调查中需要说明的事项，包括：①发包方及其负责人的变更情况；②农村土地发包情况；③其他需要说明的情况。由全体调查员签名或盖章确认。

（9）审核意见/审核人：审核人为发包方负责人，审核人对调查结果进行全面审核，如无问题，填写"合格"。如发现问题，应填写"不合格"，指明错误所在并提出处理意见。审核人签字或盖章确认。

（10）日期：以阿拉伯数字填写调查日期，年份应填写完整年份。

附表 2　承包方调查表

发包方编码	×××		承包方编码（缩略码）	×××
承包方代表	×××		联系电话	139××××××××
承包方地址	××镇××村××组		邮政编码	425×××

承包方代表 证件类型	☑身份证　□军官证　□护照　□行政、企事业单位机构代码证或法人代码证 □户口簿　　□其他_____		证件号码	431×××××××× ××××××××

有无承包合同	☑有 □无	承包合同编号	×××	取得 （承包） 方式	☑家庭 承包 □招标 □公开协商 □拍卖 □转让 □互换 □其他____
有无经营权证	□有 ☑无	经营权证编号	/		
承包起止日期	××年××月××日至××年××月××日	承包 期限	××年		

注意：本部分信息仅供家庭承包方式填写！			家庭成员总数	共××人
成员姓名	与户主关系	身份证号码	成员备注	
李××	户主	×××		
周××	配偶	×××		
李××	子	×××		
李××	女	×××		
李××	女	×××		
夏××	孙女	×××		

调查 记事	经调查，该户承包方代表为李××，于1994年取得农村土地承包经营权，承包合同面积为×××亩。 　　调查员：×××　　　　　　　　　　　　日期：××年××月××日
审核 意见	 　　审核人： 　　（签字或盖章）　　　　　　　　　　日期：　　年　月　日

1. 填写要求

（1）每个承包方填写一份。

（2）表中各栏目应填写齐全，不应空项。确属不填或空白的栏目，使用"/"符号填充。

（3）现场填写时，文字内容一律使用蓝/黑色墨水钢笔或签字笔填写，不得使用铅笔、圆珠笔等不利于档案保存的笔填写。填写文字应清晰易辨，一律采用国家标准文字，不得使用谐音字、国家未批准的简化字或缩写名称。

（4）承包方调查表分为承包方基本信息、承包合同/权证信息、农户家庭成员信息、调查记事和审核意见五部分，各部分以粗实线进行区隔。

2. 填写说明

（1）发包方编码：填写发包方完整编码。

（2）承包方编码（缩略码）：填写承包方编码的缩略码（承包方编码中的顺序码部分）。

（3）承包方代表：填写承包方代表的姓名（家庭承包）或承包方姓名、名称（其他方式承包）。

（4）联系电话：填写承包方（代表）的联系电话。单位为承包方的，填写单位法定代表人的联系电话。

（5）承包方地址/邮政编码：填写承包方的宅基地或其他长期住所的地址，以乡镇名开始，填至村、组和门牌号的具体名称。其他方式承包的承包方为单位时，填写单位常用办公场所地址或登记地址。填写承包方地址对应的邮政编码。

（6）承包方代表证件类型/证件号码：根据实际情况选择承包方代表的证件类型，在对应证件类型前画"√"标识，填写相应证件类型的证件号码。选择"其他"证件类型的，应注明证件类型的具体名称，填写相应证件类型的证件号码。

（7）有无承包合同/承包合同编号：根据实际情况说明农村土地承包合同情况，在对应选项前画"√"。选择"有"时，填写相应承包合同编号，选择"无"时，编号栏以"/"符号填充。

（8）有无经营权证/经营权证编号：根据实际情况说明土地承包经营权证情况，在对应选项前画"√"。选择"有"时，填写相应经营权证编号，选择"无"时，编号栏以"/"符号填充。

（9）承包起止日期/承包期限：填写当前有效土地承包合同或农村土地承包经营权证记载的起止日期和承包起止日期对应的承包年限。

（10）取得（承包）方式：选择承包方取得农村土地承包经营权的方式，在对应选项前画"√"。选择"其他"方式时，注明取得（承包）的具体方式。

（11）家庭成员总数：填写农户家庭成员的总数。

（12）成员姓名：填写家庭成员姓名，户主填在第一顺序位。

（13）与户主关系：填写该家庭成员与本户户主的关系，包括户主、配偶、子、女、孙子、孙女、外孙子、外孙女、父母、祖父母、外祖父母、兄、弟、姐、妹、其他关系。

（14）身份证号码：填写家庭成员身份证号码，无身份证的可填写其他有效证件号码并予以注明。

（15）成员备注：视需要填写相应信息，如"××年外嫁""××年入赘""××年入学的在校学生""国家公职人员""军人（军官、士兵）""××年新生儿""××年去世"。

（16）调查记事/调查员：由调查员填写承包方调查的相关情况。主要包括：①承包方代表变更情况；②土地承包经营权权属特殊情况；③农户内成员分家析产、合户或家庭成员其他情况；④其他需要说明或注明的情况。由全体调查员签字或盖章确认。

（17）审核意见/审核人：审核人应为发包方负责人，审核人对调查结果进行全面审核。如无问题，填写"合格"；如发现问题，应填写"不合格"，指明错误所在并提出处理意见。审核人签字或盖章确认。

（18）日期：以阿拉伯数字填写调查日期，年份应填写完整年份。

附表3 承包地块调查表

共　页，第　页

承包方代表	李××	承包方编码	×××	发包方名称	××镇××村××组	发包方编码	×××

地块名称	地块预编码	地块坐落（四至）				合同面积（亩）	地块类别	取得（承包）方式	土地用途	土地利用类型	地力等级	组名	地块备注
		东至	南至	西至	北至								
×××	00105	林地	罗××	罗××	小路	0.15	承	110	种	水田	三等	三组	

调查记事	经调查，该地块承包方代表为李××，为承包地块，土地用途为种植业，本次调查由指界人现场指界，承包经营权无纠纷。 调查员：×××　　　　　日期：××年　××　月××日
审核意见	 审核人：××× （签字或盖章）　　　　日期：××年　××　月××　日

承包地块调查表

共　　页，第　　页

承包方代表	李××	承包方编码	×××	发包方名称	×××	发包方编码	×××

地块名称	地块预编码	界址点号	界址点类型	界标类型			界址线类别								界址线位置			界址线说明	指界人签章
				木桩	埋石	其他	田埂	田垄	沟渠	道路	行树	围墙	栅栏	两点连线	内	中	外		
×××	001055505	1	1			√	√										√	已定界	
		2	1			√	√										√	已定界	
		3	1			√	√										√	已定界	
		4	1			√	√										√	已定界	
		1				√													

1. 填写要求

（1）每个承包方填写一份。

（2）表中各栏目应填写齐全，不应空项。确属不填或空白的栏目，以"/"符号填充。

（3）文字内容一律使用蓝/黑色墨水钢笔或签字笔填写，不得使用铅笔、圆珠笔等不利于档案保存的笔填写。填写文字应清晰易辨，一律采用国家标准文字，不得使用谐音字、国家未批准的简化字或缩写名称。

（4）同时完成非承包地块调查的地区，在非承包地块调查时也使用本调查表。

（5）承包地块调查表分为承包方、发包方信息，承包地块基本信息、调查记事、审核意见、界址标示信息和指界签章信息六部分，各部分以粗实线区隔。

2. 填写说明

（1）承包方（代表）：填写承包方代表的姓名（家庭承包）或承包方姓名、名称（其他方式承包）。非承包地块填写实际耕作人（或单位）的姓名（或名称）。

（2）承包方编码（缩略码）：填写承包方编码的缩略码（承包方编码中的顺序码部分）。

（3）发包方名称：填写农村土地发包方的全称，以发包方所在乡镇的名称开始，填至乡镇、村（组）级集体经济组织的具体名称。

（4）发包方编码：填写按本方案编定的发包方完整编码。

（5）地块名称：填写调查地块的小地名、习惯地名或俗名，以当地习惯方式简明表达。

（6）地块编码：按本方案中地块编码的规则填写缩略码（地块编码中的顺序码部分）。

（7）东至/南至/西至/北至：填写调查地块毗邻地块（或地物）的农村土地权利人姓名或地物名称；毗邻道路、水渠、林带等地物或场所时，填写具体地物或场所名称。不规则地块信息选择主要方向填写。

（8）合同面积（亩）：填写承包合同（或承包经营权证）记录的面积。小数点位数与合同（或承包经营权证）的记录保持一致。若地块为非承包地块，对应合同面积根据实际耕作面积进行记录。

（9）地块类别：以《农村土地承包经营权确权登记数据库规范》为依据填写，对承包地块、自留地、机动地、开荒地、其他集体土地，分别填写相应简称"承""自""机""开""其他"或相应的地块类别代码"10""21""22""23""99"。

（10）取得（承包）方式：以《农村土地承包经营权确权登记数据库规范》为依据，按承包经营权取得方式填写相应代码。以承包方式取得承包经营权的，家庭承包填写"110"、招标填写"121"、拍卖填写"122"、公开协商填写"123"、其他方式承包填写"129"（并备注取得的具体方式）；以转让方式取得承包经营权的填写"200"；以互换方式取得承包经营权的填写"300"；承包地块不属上述承包经营权取得方式的，填写"900"（并备注取得的具体方式）。对非承包地块以"/"填充。

（11）土地用途：填写土地当前的实际用途，如种植业、林业、畜牧业、渔业或其他具体用途，也可分别填写实际用途简称"种""林""畜""渔"或其相应代码"1""2""3""4"，对其他土地用途应注明具体用途。

（12）土地利用类型：根据土地当前的实际利用类型，依照 GB/T 21010—2017 填写水田、水浇地、旱地、果园、茶园或分别填写相应的二级类编码"011""012""013""021"

"022"。土地利用类型为"其他"时，依照 GB/T 21010—2017 按现状填写至具体的二级类。

（13）地力等级：按照 NY/T 1634—2008、GB/T 33469—2016 或土地发包时当地的实际情况填写耕地的地力等级。

（14）组名：填写承包方代表所属村民小组名称；非承包地块填写实际耕作人所属村民小组名称。

（15）地块备注：可备注承包地块调查时的简要信息，如通过互换（或转让）取得承包方式的，可备注互换（或转让）方姓名。

（16）调查记事/调查员：由调查员填写承包地块调查的情况，主要包括：①非承包地块的说明；②土地用途、土地利用类型的变更说明；③农村土地地力等级、是否基本农田的说明；④农村土地承包经营纠纷情况；⑤合同面积来源；⑥其他需要说明或注明的情况。由全体调查员签字或盖章确认。

（17）审核意见/审核人：审核人为发包方负责人，审核人对调查结果进行全面审核，如无问题，填写"合格"。如发现问题，应填写"不合格"，指明错误所在并提出处理意见。审核人签字或盖章确认。

（18）日期：以阿拉伯数字填写调查日期，年份应填写完整年份。

（19）界址点号：在工作底图范围内按实际调查顺序编制顺序号（从 1 开始），同一承包地块内按顺时针方向编列。首尾界址点应闭合构成承包地块。

（20）界址点类型：对图解法界址点、航测法界址点、实测法界址点分别填写代码"1""2""3"。

（21）界标类型：根据实际埋设的界标种类在对应位置画"√"，表中没有的种类可补充在空白处。没有设置界标的，可在空白处填"无"。

（22）界址线类别：根据界址线实际依附的地物和地貌在对应位置画"√"，表中没有的种类可补充在空白处。

（23）界址线说明：说明界址线性质（已定界、未定界、争议界、工作界或其他界线）、长度、方位、走向等方面的情况，以及其他对界址点描述起关键作用的信息，如"3 号界址点距房屋西南角 3.5 米""5 号界址点在水井正南 0.5 米"等。

（24）指界人签章：由指界人签字盖章或按手印。

附表 4　调查信息公示表

发包方：×××县××镇×××村××组　　　公示日期：2014 年 11 月 12 日至 2014 年 11 月 26 日（共 14 天）

序号	承包方代表姓名缩略码/总数	姓名	性别	与户主关系	身份证号	合同面积（总）	实测面积（总）	地块名称	地块编码	东至	南至	西至	北至	地块类别	取得承包方式	土地用途	合同面积（亩）	实测面积（亩）	公示备注
1	罗×× 0041 / 5	罗××	男	户主	431XXXXXXXXXXXXXX	合计：3 块 2.50 亩	合计：6 块 2.45 亩	土里庙	00370	罗××	罗××	旱地	罗××	承	110	水田	0.45	0.42	
		罗××	女	配偶	431XXXXXXXXXXXXXX			土里庙	00371	罗××	罗××	罗××	罗××	承	110	水田	0.50	0.51	
		罗××	男	子	431XXXXXXXXXXXXXX			丝瓜园	00372	罗××	罗××	旱地	罗××	承	110	水田	0.45	0.44	
		罗××	男	孙子	431XXXXXXXXXXXXXX			门口园	00373	水沟	水沟	小路	罗××	承	110	水田	0.65	0.66	
		罗×女	女	孙女	431XXXXXXXXXXXXXX			李公弯	00374	林地	林地	罗××	黄×	承	110	水田	0.25	0.25	
								毛燕弯里	00375	罗××	罗××	罗××	黄×	承	110	水田	0.20	0.17	
2	罗×× 0020 / 3	罗××	男	户主	431XXXXXXXXXXXXXX	合计：9 块 2.95 亩	合计：12 块 5.22 亩	土里庙	00179	旱地	旱地	罗××	罗××	承	110	水田	0.45	0.55	
		刘××	女	配偶	431XXXXXXXXXXXXXX			藕塘底下	00180	林地	罗××	罗××	罗××	承	110	水田	0.25	0.27	
		罗×	男	子	431XXXXXXXXXXXXXX			门口园	00181	小路	小路	罗××	罗××	承	110	水田	0.25	0.28	
								泥古浪	00182	居民地	小路	罗××	罗××	承	110	水田	0.30	0.34	
								泥古浪	00183	罗××	罗××	罗××	道路	承	110	水田	0.40	0.43	
								李公弯	00184	罗××	水塘	罗××	罗××	承	110	水田	0.27	0.30	
								李公弯	00185	罗××	水塘	罗××	旱地	承	110	水田	0.23	0.35	
								仔公凼	00186	罗××	潇水河	潇水河	潇水河	承	110	水田	0.18	0.40	
								仔公凼	00187	黄×	罗××	潇水河	潇水河	承	110	水田	0.25	0.76	
								百菜洞	00188	林地	罗××	罗××	罗××	承	110	水田	0.50	0.73	
								腊丁园里	00189	林地	水塘	罗××	罗××	承	110	水田	0.28	0.49	
								腊丁园里	00190	罗×	水塘	罗××	罗××	承	110	水田	0.30	0.32	
3	罗×× 0023 / 7	罗××	男	户主	431XXXXXXXXXXXXXX	合计：8 块 2.58 亩	合计：12 块 4.85 亩	土里庙	00208	罗××	罗××	罗××	罗××	承	110	水田	0.20	0.21	
		伍××	女	配偶	431XXXXXXXXXXXXXX			桥头上	00209	罗×	罗××	罗××	水沟	承	110	水田	0.80	1.25	
		罗×	男	子	431XXXXXXXXXXXXXX			狼山园	00210	罗××	罗××	罗××	潇水河	承	110	水田	0.12	0.20	
		罗×	女	父亲	431XXXXXXXXXXXXXX			门口园	00211	居民地	罗××	小路	灌木林地	承	110	水田	0.35	0.44	
		罗××	女	母亲	431XXXXXXXXXXXXXX			泥古浪	00212	灌木林	罗××	罗××	罗××	承	110	水田	0.10	0.19	
		邓××	女	母亲	431XXXXXXXXXXXXXX			泥古浪	00213	旱地	罗××	罗××	旱地	承	110	水田	0.10	0.18	
		罗××	女	妹妹	431XXXXXXXXXXXXXX			大塘背	00214	林地	林地	罗××	罗××	承	110	水田	0.43	0.62	
								仔公凼	00215	罗××	罗××	水渠	罗××	承	110	水田	0.23	0.40	
								百菜洞	00216	罗××	罗××	水沟	水渠	承	110	水田	0.30	0.49	

制表人：黄强　　制表日期：2015 年 12 月 2 日　　　审核人：____　　审核日期：____年____月____日

1. 填写要求

（1）农村土地承包经营权调查信息公示表为审核公示阶段需要填写或打印的表格，以发包方为单位按承包方顺序填写，每个发包方填写或打印一份，建议以 A3 幅面打印。

（2）文字内容一律使用蓝/黑色墨水钢笔或签字笔填写，不得使用铅笔、圆珠笔等不利于档案保存的笔填写。填写文字应清晰易辨，一律采用国家标准文字，不得使用谐音字、国家未批准的简化字或缩写名称。

（3）各地可根据实际情况增加公示内容和信息。

2. 填写说明

（1）发包方：以发包方调查表记载信息为基础填写。

（2）公示日期：按实际情况填写，但公示日期不得少于 7 天。

（3）序号：公示的承包方自然序号。

（4）承包方（代表）姓名及缩略码：根据承包方调查表记载情况填写，缩略码填写承包方编码的缩略码（承包方编码中的顺序码部分）。

（5）家庭成员：按承包方调查表记载情况填写。

（6）地块总体情况：以承包地块调查表记载情况填写。

（7）合同面积/实测面积：按权属调查结果和地块测量结果分别填写合同面积和实测面积的总数量和总面积。

（8）地块具体情况：以地块调查表和地块测量结果为依据填写。

（9）公示备注：以地块调查表和地块测量结果为依据填写，可根据具体要求说明公示中需要说明的事项。

（10）制表人：制表人签字或盖章确认。

（11）审核人：审核人为发包方负责人，审核人全面审核公示信息并签字或盖章确认。

（12）制表日期/审核日期：以阿拉伯数字填写调查日期，年份应填写完整年份。

附表 5　公示结果归户表

发包方名称		××镇××村××组				发包方负责人		罗××	
合同/权证编号		/				承包方式	☑家庭承包 □拍卖 □招标 □转让 □公开协商 □互换 □其他		
承包起止日期		1994 年9 月1 日至 2024 年 8 月31 日							
承包方（代表）姓名		李××				联系电话		139××××××××	
承包方（代表） 证件类型		□身份证 □军官证 □行政、企事 业单位机构代码证或法人代码证 □ 户口簿☑其他____				证件 号码		431××××××× ××××××	
承包方地址		菱角塘镇门滩村八组				邮政编码		425112	
承包地块总数		共10 块，合同面积共 3.69 亩， 实测面积共 5.09 亩				非承包地块总数		共块亩	
地块 名称	地块 编码	地块 四至	合同 面积	实测 面积	土地 用途	地力 等级	地块备注		
仔公仈	00105	东：林地 南：罗×× 西：罗×× 北：小路	0.15	0.16	种植业	三等			
一担二	00106	东：居民地 南：罗× 西：罗×× 北：罗××	0.10	0.20	种植业	三等			
百菜洞	00107	东：罗×× 南：居民地 西：罗×× 北：罗××	0.41	0.50	种植业	三等			
百菜洞	00108	东：水塘 南：罗×× 西：罗×× 北：罗××	0.30	0.36	种植业	三等			
大塘下 一丘	00109	东：罗×× 南：罗×× 西：罗×× 北：罗××	0.35	0.37	种植业	三等			

地块 名称	地块 编码	地块 四至	合同 面积	实测 面积	土地 用途	地力 等级	地块备注
大塘下 二丘	00110	东：水沟 南：罗×× 西：李×× 北：水渠	0.37	0.45	种植业	三等	
一担三	00111	东：罗×× 南：罗×× 西：罗×× 北：水渠	0.50	0.78	种植业	三等	
百菜洞	00112	东：草地 南：水渠 西：罗×× 北：道路	0.33	0.67	种植业	三等	
百菜洞	00113	东：罗×× 南：水渠 西：水渠 北：水渠	0.58	0.76	种植业	三等	
	00114	东：罗×× 南：罗×× 西：罗×× 北：罗××	0.60	0.84	种植业	三等	

注意：本部分信息仅供家庭承包方式填写！		家庭成员总数	共 6 人
成员姓名	与户主关系	成员身份证号	成员备注
李××	户主	432901×××××××4558	
周××	配偶	432901×××××××4564	
李 ×	子	431102×××××××4552	
李×	女	431102×××××××4560	
李×	女	431102×××××××4565	
夏××	孙女	431102×××××××0263	

地块示意图	见附图
公示记事	本次调查采用全野外调绘法现场定界。公示图采用1∶2 000航飞影像套合集体土地确权成果分组制作，采用南方 Cass 7.0 专用软件图解法获取界址点坐标。两次公示时间为 2015 年 5 月 12 日至 2015 年 5 月 26 日，公示期间对承包方提出的异议进行了勘误修正。 记事人：黄×　　　　　　　日期：2015 年 2 月 2 日
承包方（代表）对公示结果的意见	承包方代表：　　　　　　日期：　　年　月　日
公示结果审核意见	审核人：　　　　　　　　日期：　　年　月　日

1. 填写要求

(1) 农村土地承包经营权公示结果归户表是农村土地承包经营权调查结果审核公示后，按承包方归户确认的表格，用于记载农村土地承包经营权公示的结果及其确认情况。

(2) 公示结果归户表以承包方为单位填写，每个承包方一份，由调查员根据权属调查表（发包方调查表、承包方调查表和承包地块调查表）记载和审核公示结果为基础填写或打印。

(3) 表中各栏目应填写齐全，不得空项。确属不填或空白的栏目，使用"/"符号填充。

(4) 文字内容一律使用蓝/黑色墨水钢笔或签字笔填写，不得使用不利于档案保存的笔填写。填写文字应清晰易辨，一律采用国家标准文字，不得使用谐音字、国家未批准的简化字或缩写名称。

(5) 归户表分为基本信息、地块信息、农户家庭成员信息（仅供家庭承包方式填写）和公示记事审核信息，各部分以粗实线进行区隔。

2. 填写说明

(1) 发包方名称/发包方负责人：以发包方调查表记载和审核公示结果为依据填写。

(2) 合同/权证编号/承包起止日期：以承包方调查表记载和审核公示结果为依据填写。同时存在承包合同和承包经营权证时，填写承包经营权证编号，没有承包合同和承包经营权证时，该项以"/"符号填充。

(3) 承包方式：以承包方调查表记载和审核公示结果为依据，在对应的选项前画"√"；选择"其他"时，说明具体承包方式。

(4) 承包方（代表）姓名/联系电话：以承包方调查表记载和审核公示结果为依据填写。

(5) 承包方（代表）证件类型/证件号码：以承包方调查表记载和审核公示结果为依据在对应的选项前画"√"，选择"其他"时，说明具体证件类型。

(6) 承包方地址/邮政编码：以承包方调查表记载和审核公示结果为依据填写。

(7) 承包地块总数：以权属调查和审核公示核实结果为依据填写。

(8) 非承包地块总数：以权属调查和审核公示核实结果为依据填写。

(9) 地块名称/地块编码/地块四至/合同面积：以承包地块调查表记载和审核公示结果为依据填写。

(10) 实测面积：以地块测量和审核公示核实结果为依据填写。

(11) 土地用途/地力等级/地块备注：以承包地块调查表记载和审核公示结果为依据填写。

(12) 家庭成员总数/成员姓名/与户主关系/成员身份证号/成员备注：以承包方调查表记载和审核公示结果为依据填写。

(13) 公示记事：由记事人如实记载权属调查和审核公示中需要记载的情况。主要包括：①地块界址点测量的方法（含比例尺）说明；②公示过程中勘误修正的情况说明；③其他需要说明或注明的情况。记事人签字或盖章确认。

(14) 承包方（代表）对公示结果的意见：由承包方（代表）或其委托代理人签署对审

核公示结果的意见，如无意见填写"无异议"，有意见说明具体问题，承包方（代表）签字或盖章确认。

（15）公示结果审核意见：审核人为发包方负责人，审核人对公示结果进行全面审核，如无问题，填写"合格"；如发现问题，应填写"不合格"，指明错误所在并提出处理意见。审核人签字或盖章确认。

（16）日期：以阿拉伯数字填写日期，年份应填写完整年份。

附表 6　农村土地承包经营权入户摸底调查表

发包方名称				发包方负责人		
承包方（代表）姓名				承包方式	□家庭承包　　□招标 □拍卖　　　　□转让 □公开协商　　□互换 □其他_____	
承包方地址						
联系电话						
原承包合同	□编号_____　　□无					
承包方（代表）证件类型	□身份证　　□军官证　　□行政、企事业单位机构代码证或法人代码证　　□户口簿 □其他_____			证件号码		
承包地块总数	共块____亩					

地块名称	地块编码	地块四至	合同面积	土地用途	地力等级	地块备注
		东： 南： 西： 北：				
		东： 南： 西： 北：				
		东： 南： 西： 北：				
		东： 南： 西： 北：				

续表

地块名称	地块编码	地块四至	合同面积	土地用途	地力等级	地块备注
		东： 南： 西： 北：				
		东： 南： 西： 北：				
其他方式承包地块总数		共__块__亩				
		东： 南： 西： 北：				

注意：本部分信息供家庭承包方式填写		家庭成员总数	共___人
成员姓名	与户主关系	成员身份证号	成员备注

登记员：　　　　　　　承包户签字：　　　　　　　　　　　　年　月　日

附表 7　农村土地（耕地）承包合同
（家庭承包方式）

发包方：<u>望城区</u>县<u>××</u>镇（镇、街道）<u>××</u>村<u>××</u>组

发包方负责人：<u>罗××</u>

承包方代表：<u>李××</u>

承包方地址：<u>望城区</u>县<u>××</u>镇（镇、街道）<u>××</u>村<u>××</u>组

为稳定和完善以家庭承包经营为基础、统分结合的双层经营体制，赋予农民长期而有保障的土地承包经营权，维护承包双方当事人的合法权益，根据《中华人民共和国农村土地承包法》《中华人民共和国物权法》《中华人民共和国合同法》等相关法律和本集体经济组织依法通过的农村土地承包方案，订立本合同。

一、承包土地情况：

地块名称	地块编码	坐落				面积（亩）	质量等级	备注
		东至	南至	西至	北至			
仔公凼	00105	林地	罗××	罗××	小路	0.16	/	
一担二	00106	居民地	罗××	罗×	罗××	0.20	/	
百菜洞	00107	罗××	罗××	居民地	罗××	0.50	/	
百菜洞	00108	水塘	罗××	罗××	罗××	0.36	/	
大塘下一丘	00109	罗××	罗××	罗××	罗××	0.37	/	
仔公凼	00110	水沟	李××	罗××	水渠	0.45	/	
大塘下二丘	00111	罗××	罗××	罗××	水渠	0.78	/	
一担三	00112	草地	罗××	水渠	道路	0.67	/	
百菜洞	00113	罗××	水渠	水渠	水渠	0.76	/	
百菜洞	00114	罗××	罗××	罗××	罗××	0.84	/	
面积总计	—					5.09	—	—

二、承包期限：<u>1994</u>年<u>9</u>月<u>1</u>日至<u>2024</u>年<u>8</u>月<u>31</u>日。

三、承包土地的用途：<u>农业生产</u>。

四、发包方的权利与义务

（一）发包方的权利

1. 监督承包方依照承包合同约定的用途合理利用和保护土地。

2. 制止承包方损害承包地和农业资源的行为。

3. 法律、行政法规规定的其他权利。

（二）发包方的义务

1. 维护承包方的土地承包经营权，不得非法变更、解除承包合同。

2. 尊重承包方的生产经营自主权，不得干涉承包方依法进行正常的生产经营活动。

3. 执行县、乡（镇）土地利用总体规划，组织本级集体经济组织内部的农业基础设施建设。

4. 法律、行政法规规定的其他义务。

五、承包方的权利与义务：

（一）承包方的权利

1. 依法享有承包地占用、使用、收益和土地承包经营权流转的权利，有权自主组织生产经营和处置产品。

2. 承包地被依法征收、征用、占用的，有权依法获得相应的补偿。

3. 法律、行政法规规定的其他权利。

（二）承包方的义务

1. 维持土地的农业用途，不得用于非农建设。

2. 依法保护和合理利用土地，不得给土地造成永久性损害。

3. 法律、行政法规规定的其他义务。

六、违约责任：

1. 当事人一方不履行合同义务或者履行义务不符合规定的，依照《中华人民共和国合同法》的规定承担违约责任。

2. 承包方给承包地造成永久性损害的，发包方有权制止，并有权要求承包方赔偿由此造成的损失。

3. 如遇自然灾害等不可抗力因素，使本合同无法履行或者不能完全履行时，不构成违约。

4. 相关法律和法规规定的其他违约责任。

七、其他事项：

1. 承包合同生效后，发包方不得因承包人或者负责人的变动而变更或解除，也不得因集体经济组织的分立或者合并而变更或解除。

2. 承包期内，承包方交回承包地或者发包方依法收回的，承包方有权获得为提高土地生产能力而在承包地上投入的补偿。

3. 承包方通过互换、转让方式流转承包地的，由发包方与受让方签订新的承包合同，本承包合同依法终止。

4. 因土地承包经营发生纠纷的，双方当事人可以依法通过协商、调解、仲裁、诉讼等途径解决。

5. 本合同未尽事宜，依照有关法律、法规执行，法律、法规未做规定的，双方可以达成书面补充协议，补充协议与本合同具有同等的法律效力。

八、本合同自签订之日起生效，原签订的家庭承包合同一律解除。

九、本合同一式四份，发包方、承包方各执一份，乡（镇、街道）人民政府农村土地承包管理部门、县（市、区）人民政府农村土地承包管理部门各备案一份。

发包方（章）：

负责人（签章）：　　　　　　　　承包方（代表）（签章）：

联系电话：　　　　　　　　　　　联系电话：

身份证号：　　　　　　　　　　　身份证号：

签订日期：　　　　　年　　　月　　　日

附表 8　要素代码与名称表述

要素代码	要素名称
100000	基础地理信息要素[a]
110000	定位基础
111000	控制点
112000	控制点注记
160000	境界与管辖区域[b]
161000	管辖区域划界
161051	区域界线
162000	管辖区域
162010	县级行政区
162020	乡级区域
162030	村级区域
162040	组级区域
196011	点状地物
196012	点状地物注记
196021	线状地物
196022	线状地物注记
196031	面状地物
196032	面状地物注记
200000	农村土地权属要素
210000	承包地块要素
211011	地块
211012	地块注记
211021	界址点
211022	界址点注记
211031	界址线
211032	界址线注记
250000	基本农田要素
251000	基本农田保护区域
251100	基本农田保护区

要素代码	要素名称
300000	栅格数据
310000	数字正射影像图
320000	数字栅格地图
390000	其他栅格数据

a. 基础地理信息要素第 2 位至第 6 位代码按照 GB/T 13923—2022 的结构进行扩充。

b. 县级行政区界线应采用全国陆地行政区域勘界成果确定的界线；乡、村、组级区域应根据农村集体所有权确权登记颁证成果确定界线与范围。

附表 9 农村土地承包经营权确权登记颁证申请书

望城区人民政府____：

本承包方李×× 承包×× 镇×× 村××组农民集体所有土地 5.09 亩，承包方式为家庭承包 ，承包期限自__1994__年__9__月__1__日起至__2024__年__8__月__31__日止。根据《中华人民共和国农村土地承包法》第二十三条、第三十八条和《中华人民共和国物权法》第三编第十一章相关条款的规定，申请农村土地承包经营权登记、发证。

附申请资料：

农村土地家庭承包合同

本申请书所述材料内容确认无误。

承包方代表（签章）：

年   月   日

经发包方审核，申请人申请材料无误。

审核单位（盖章）：

年   月   日

经乡镇审核，申请人申请材料无误。

审核单位（盖章）：

年   月   日

附表10 承包经营权调查成果面积精度检查表

县级行政区名称： 发包方名称或编码：

序号	地块编码	成果面积 P	检查面积 P'	面积差值 ΔP	相对误差 R	备注
1						
2						
3						
n						

检查记事	

注1：成果面积是指承包经营权调查成果中所抽取的地块图形对应的面积。

注2：面积计算公式执行 NY/T 2537—2014 文本第 6.3.6.2 节的公式（1）。

计算公式：面积差值 $\Delta P = \mathrm{abs}(P - P')$，面积相对误差 $R = \Delta P \div P' \times 100\%$。

计算说明：abs（）为取绝对值函数，对括号内的值取绝对值。

面积精度要求：以地块的水平投影面积为基准数据，承包地块的面积精度即面积量算的相对误差（计算地块面积和实测地块面积的差与实测面积的比值）不得超过 5%。相对误差超过 5%，判定面积测量成果错误，检查不予通过，要求改正。检查过程发现图解法面积计算相对误差精度不能满足要求时，必须改用实测法重新测量，获取更高精度的地块测量面积，以确保面积计算的精度。

检查员： 检查日期： 年 月 日

附表 11　承包经营权调查界址点精度检查表

县级行政区名称：　　　　　　　　　　　　　　　　调查比例尺/界址点精度等级：

序号	界址点号	界址点坐标		检查坐标		坐标差值		坐标较差		地形地貌特征备注
		方法		方法		Δx	Δy	ΔL	ΔL^2	
		x 值	y 值	x' 值	y' 值					
1										
2										
3										
n										
界址点中误差 m										
检查记事										

注 1：“方法”部分说明对应坐标的测量方法，包括实测法、航测法和图解法。

注 2：一般情况下，应确保抽检的界址点个数 $n \geqslant 30$。

计算公式：$\Delta x = x - x'$，$\Delta y = y - y'$，$\Delta L = \mathrm{sqrt}(\Delta x^2 + \Delta y^2)$；

计算说明：同精度检查时，界址点中误差 $m = \mathrm{sqrt}(\sum[\Delta L^2]/2n)$；高精度检查时，界址点中误差 $m = \mathrm{sqrt}(\sum[\Delta L^2]/n)$。$\mathrm{sqrt}()$ 为开平方函数，对括号内的值进行开平方运算。$\sum[\ ]$ 为求和函数，对方括号内的系列值（从 1 到 n）进行求和运算。

界址点精度要求：界址点测量精度检查按照《农村土地承包经营权调查规程》里界址点精度指标执行（不同界址测量方法，对应不同的精度指标）。精度判定超限的，检查不予通过，要求改正。

检查员：　　　　　　　　　　检查日期：　　　年　　月　　日

附表 12　总体完成情况检查表

县级行政区名称：　　　　　　　　　　　　　　　　单位：个、户、公顷

序号	组织类型 / 具体指标		组集体经济组织（生产队）	村集体经济组织（生产大队）	其他集体经济组织	合计	备注
1	应完成农村土地承包经营权调查数	个数①					
		户数②					
		面积③					
2	已完成农村土地承包经营权调查数	户数②					
		面积④					
3	应完成农村土地承包经营权登记数	户数②					
		面积③					
4	已完成农村土地承包经营权登记数	户数②					
		面积④					
5	农村土地承包经营权争议数	户数②					
		面积③					
6	农村土地承包经营权调查完成率	户数②					
7	农村土地承包经营权登记完成率	户数②					
检查记事							

注①：个数填写该县级行政区内对应的发包方个数。

注②：户数填写该县级行政区内对应的承包方（家庭承包方式）户数。

注③：面积填写该县级行政区内对应的承包地块面积数（二轮承包合同或二轮土地承包经营权证书记载的面积）。

注④：面积填写该县级行政区内对应的承包地块面积数（实测面积）。

注⑤：指标平衡关系：1＝3（个数不适用），6＝2÷（1－5）（仅户数适用），7＝4÷（3－5）（仅户数适用）。

附表 13 整体检查记录表

县级行政区名称：

总体技术方法					
数学基础		数字正射影像图类型			
比例尺		地块测量方法			

成果资料齐全性					
	资料内容	有/无	数量	存储类型	备注
农村土地承包经营权调查成果资料	摸底调查表				
	发包方调查表				
	承包方调查表				
	承包地块调查表				
	调查信息公示表				
	公示结果归户表				
	调查草图				
	地块分布图				
	承包经营纠纷调解仲裁结果材料				
	完善后的农村土地承包合同				
	土地承包台账				
农村土地承包经营权登记成果资料	登记申请材料				
	登记申请审批材料				
	农村土地承包经营权登记簿				
	农村土地承包经营权证书				
农村土地承包管理信息化建设成果资料	农村土地承包经营权确权登记数据库				
	农村土地承包管理信息系统				
	数字化档案资料				
其他成果资料	农村土地承包经营权工作方案				
	农村土地承包经营权实施方案				
	农村土地承包经营权技术设计书				
	农村土地承包经营权招投标结果公告				
	农村土地承包经营权工作报告				
	农村土地承包经营权技术报告				
	发包方清单				
	承包方清单				
	检查验收报告				
	总体完成情况检查表				

评价与结论：

检查人：　　　　　　　　　　　检查日期：

附表 14　工作保障落实情况检查表

县级行政区名称：　　　　　　　　　　　　　　　　　　　　　　（S_1，满分为 100 分）

序号	检 查 要 素	检 查 记 事	要素 分值	要素 得分
1	工作领导小组及其办公室等 机构是否健全		15	
2	宣传培训工作是否到位		15	
3	工作经费是否落实		15	
4	是否建立并执行确权登记成 果保密制度		5	
5	确权政策是否符合法律法规 和政策法规		10	
6	主管部门是否制定并印发执 行确权工作方案		5	
7	技术单位是否有通过审定的 专业技术设计书		10	
8	技术单位是否有通过审定的 专业技术总结		10	
9	检查情况和记录是否符合规 范要求		10	
10	群众对确权登记颁证工作是 否满意		5	
		要素合计得分 S_1		
检查结论				

检查员：　　　　　　　　检查日期：　年　　　月　　　日

附表15 承包经营权调查完成情况检查表

县级行政区名称：   (S₂，满分为100分)

序号	检查要素		检查记事	要素分值	要素得分
1	发包方调查	发包方认定是否正确		5	
2		发包方代码编制是否正确、规范，做到不重不漏		2	
3		发包方负责人信息是否真实、正确、规范		2	
4		发包方调查记事信息是否翔实、全面、准确		2	
5		发包方审核信息是否真实、齐全、规范		2	
6	承包方调查	承包方代码编制是否正确、规范，做到不重不漏		2	
7		承包方代表认定是否正确，认定材料是否真实、齐备		5	
8		承包方代表信息是否真实、正确、规范		5	
9		承包经营权权属信息与权源文件或事实是否一致		5	
10		承包方家庭成员信息记载是否合格，备注信息是否真实、详尽		3	
11		承包方调查记事信息是否翔实、全面、准确		2	
12		承包方审核信息是否真实、齐全、规范		2	
13	承包地块调查	承包地块代码编制是否正确、规范，做到不重不漏		2	
14		承包地块的设立是否正确		5	
15		承包地块四至、用途等描述信息是否正确、详尽		5	
16		界址点和界址线设置是否正确、描述信息与实地是否一致		5	

序号	检 查 要 素		检查记事	要素分值	要素得分
17	承包地块调查	调查指界手续和材料是否真实、齐备		2	
18		承包地块调查记事信息是否翔实、全面、准确		2	
19		承包地块审核信息是否真实、齐全、规范		2	
20		调查草图绘制是否与实际相符,调查草图是否要素齐全、清晰易读、完整正确		5	
21		坐标系统、比例尺、地图投影、分带是否符合规范要求		3	
22		地块控制测量、起算数据等资料是否可靠、完整、规范		2	
23		承包地块面积量算是否符合限差规定		3	
24		承包地块界址点精度是否符合规定		3	
25		地块分布图与调查表、调查草图等权属资料的描述是否一致		5	
26		地块分布图制作是否符合规定		5	
27	审核公示	公示材料准备是否符合规范要求		5	
28		审核公示过程、形式、时间等是否符合规定		3	
29		勘误修正过程是否符合规定,材料是否齐备、真实		3	
30		结果确认手续是否齐全,材料是否真实、齐备		2	
31		纠纷调处过程与结果是否符合相关规定		2	
32		承包合同是否经过完善,合同是否合规		2	

	要素合计得分 S_2	
检 查 结 论		

检查员：　　　　检查日期：　　年　　月　　日

附表 16　发包方外业检查记录表

行政区名称：　　　　县（市）　　　乡　　　村

序号	发包方编码	发包方名称	发包方负责人姓名	证件号码	外业检查情况				是否正确	备注
					发包方是否正确	发包方负责人信息是否正确	调查记事是否完整	审核信息是否真实		
（1）	（2）	（3）	（4）	（5）	（6）	（7）	（8）	（9）	（10）	（11）

检查员：　　　　　　　　　检查日期：　　　年　　　月　　　日

附表 17 承包方外业检查记录表

行政区名称：　　　县（市）　　　乡　　　村

发包方名称：

序号	承包方编码	承包方代表	外业检查结果						备注
			承包方信息是否正确	成员信息是否正确	审核意见是否真实	公示审核确认是否真实	经营权证是否发放	对确权工作是否满意	
（1）	（2）	（3）	（4）	（5）	（6）	（7）	（8）	（9）	（10）

检查员：　　　　　　　　　　　　　　　检查日期：　　　年　　　月　　　日

附表 18　承包地块调查成果外业检查记录表

行政区名称：　　　县（市）　　　乡　　　村

发包方名称：

序号	地块编码	地块名称	承包方（代表）	合同面积	四至	土地利用类型	土地用途	外业检查情况					是否正确	备注
								承包方（代表）	合同面积	四至	土地利用类型	土地用途		
(1)	(2)	(3)		(4)	(5)	(6)	(7)	(8)		(9)	(10)	(11)	(12)	(13)

检查员：　　　　　　　　　　　　检查日期：　　　年　　　月　　　日

附表 19　承包经营权登记成果完成情况检查表

县级行政区名称：
(S$_3$，满分为 100 分)

序号	检查要素	检查记事	要素分值	要素得分
1	是否使用统一规定的证书、簿册，形式是否合规		20	
2	确权登记颁证政策问题处理是否符合有关法律法规和政策规定		10	
3	确权登记颁证资料是否齐备、正确、规范		5	
4	确权登记颁证结果是否正确，证书、簿册是否与合同记载一致		10	
5	土地承包合同、土地承包经营权登记簿、土地承包经营权证书代码编制是否符合规范要求		10	
6	土地承包经营权证是否填写齐全并加盖相应印章		10	
7	登记的申请、受理、审核、登簿和发证程序是否规范		10	
8	土地承包经营权证书是否发放给承包方		5	
9	是否建立健全土地承包经营权档案管理制度		10	
10	是否按要求进行资料整理和归档		10	
		要素合计得分 S$_3$		
检查结论				

检查员：　　　　　　　　　　检查日期：　　年　月　日

附表 20　农村土地承包管理信息化建设成果完成情况检查表

县级行政区名称：　　　　　　　　　　　　　　　　　　　　　　　　（S_4，满分为 100 分）

序号	检查内容	检查记事	要素分值	要素得分
1	土地承包经营权调查和登记数据是否正确入库		20	
2	数据库成果是否符合 NY/T 2539—2016 的要求		20	
3	土地承包档案是否数字化		10	
4	是否具备空间数据管理功能（浏览、编辑、查询、分析、输入、输出、转换等）		10	
5	是否具有调查数据管理功能（查询、统计分析、数据转换等）		10	
6	是否具有登记管理功能（申请、受理、审核、登簿、打印证书等）		10	
7	是否具有土地承包经营权流转管理功能		10	
8	是否具有土地承包经营纠纷仲裁管理功能		10	
		要素合计得分 S_4		
检查结论				

检查员：　　　　　　　　　　　检查日期：　　　年　　月　　日

附表 21　农村土地承包经营权确权登记数据库质量检查内容表

检查项	检查内容	检查要求	要 求 描 述
数据完整性检查	目录及文件规范性检查	数据组织目录及文件命名规范	要求提交数据必须符合 NY/T 2539—2016 和《农村土地承包经营权确权登记数据库成果汇交办法（试行）》对提交数据目录和文件命名的要求
	成果资料完整性检查	成果资料内容完整	成果资料包括数据成果和文字成果，不能缺漏
	数据有效性检查	所有数据及文件能正常打开	所有数据及文件必须能正常打开
	矢量数据完整性检查	矢量图层数据完整	图层数据中应包含 NY/T 2539—2016 规定的所有图层。其中，必选图层必须存储大于 0 个的要素，可选图层可以不存储任何要素
	属性数据完整性检查	数据库表数据完整	数据库中应包含 NY/T 2539—2016 规定的所有表单
矢量数据检查	数学基础检查	矢量数据数学基础满足要求	矢量数据数学基础满足 NY/T 2537—2014 要求
	属性检查	属性字段结构满足要求	NY/T 2539—2016 规定的矢量数据属性字段必须存在，并且字段名称、字段类型、字段长度与 NY/T 2539—2016 的定义一致
		属性字段值域检查	NY/T 2539—2016 规定的矢量数据属性字段，其取值必须符合 NY/T 2539—2016 的规定。对于需要扩展属性值代码的情况，可以进行扩充，但必须能够生成严格满足 NY/T 2539—2016 要求的标准交换数据
		标识码符合性检查	要求各要素层中标识码（BSM）字段值应大于 0，并且 BSM 字段值不得重复，整库唯一
		必填字段是否为空检查	要求各要素层中的必填字段必须有值
		要素代码符合性检查	要求各要素层的要素代码（YSDM）字段值符合 NY/T 2539—2016 规定
		要素编码符合性检查	要求地块要素的地块编码应符合 NY/T 2538—2014 规定，要素的其他编码符合 NY/T 2539—2016 及 GB/T 2260—2007 等相关标准的规定
		区域代码检查	要求县、乡、村、组级区域代码字段值整库唯一

检查项	检查内容	检查要求	要 求 描 述
矢量数据检查	图形检查	**点状要素** 点状要素重叠检查	要求同一图层中点状要素无相互重复，即同一图层中点要素之间的实际距离小于 0.05 米时，应核实两个点状要素的真实性
		线状要素 线状要素相互重叠、自重叠检查	同一图层中线状要素无相互重叠、自重叠
		线状要素自相交检查	同一图层中线状要素无自相交
		线状要素悬挂线检查	线状要素无悬挂线，线状地物图层除外
		线状要素相交检查	同一图层中线状要素不相交
		线状要素碎线检查	承包地块界址线要素实地长度小于 0.05 米时，应核实界址线的真实性
		面状要素 面状要素节点重复检查	同一面状要素内节点间实地距离应大于 0.05 米
		面状要素相互重叠检查	同一图层的面状要素之间无相互重叠
		面状要素碎小图斑检查	地块要素面积小于 1 平方米时，应核实地块要素的真实性
		地块狭长角检查	地块要素相邻界址线间夹角的角度小于 0.1 度时，应核实界址线夹角的真实性
	多部分检查	界址点、界址线、地块要素多部分检查	单个界址点、界址线、地块要素不能包含多个图形单元，但地块图层允许环状要素存在
权属数据检查	字段结构符合性检查	属性字段结构满足要求	NY/T 2539—2016 规定的所有属性字段必须存在，并且要求属性字段名称、字段类型、字段长度、约束条件与 NY/T 2539—2016 的定义一致
	字段值符合性检查	属性字段值域检查	NY/T 2539—2016 规定的所有属性字段的取值符合 NY/T 2539—2016 规定，对于需要扩展属性值代码的情况，可以进行扩充，但必须能够生成严格满足 NY/T 2539—2016 要求的标准交换数据；所有属性表中，当证件号码字段值为身份证号码时，应检查身份证号码位数及校验位的正确性
		必填字段是否为空检查	要求各权属数据表中必填字段值必须有值，不得为空

检查项	检查内容	检查要求	要求描述
权属数据检查	字段值符合性检查	要素编码符合性检查	要求各权属数据表中涉及发包方、承包方、承包地块、承包合同、承包经营权登记簿、承包经营权证等权属要素编码的属性字段，字段值符合 NY/T 2538—2014 规定，要素的其他编码符合 NY/T 2539—2016 及 GB/T 2260—2007 等相关标准的规定
		要素编码唯一性检查	要求各权属数据表中涉及发包方、承包方、承包地块、承包合同、承包经营权登记簿、承包经营权证等权属要素，编码整库唯一，不得重复
		身份证号码有效性	使用身份证计算算法进行检查，判断身份证号码的有效性
		邮政编码有效性	邮政编码必须是 6 位数字
栅格数据检查	数学基础检查	数学基础满足要求	栅格数据数学基础满足 NY/T 2537—2014 要求
元数据检查	结构正确性检查	元数据结构正确	矢量数据元数据结构必须符合 NY/T 2539—2016 要求
	行政区代码检查	行政区代码符合要求	矢量数据元数据内容中的行政区代码应采用 GB/T 2260—2007 的 6 位数字码
	空间参考符合性检查	空间参考符合要求	元数据文件中的中央子午线应与提交的数据坐标系统一致；大地坐标参照系统必须与 NY/T 2537—2014 要求一致
	内容完整性检查	各项内容完整、正确	元数据文件中的内容名称必须与 NY/T 2539—2016 要求一致，内容完整、正确。
数据一致性检查	图形数据一致性检查	地块边界和界址线重合检查	地块的边界和界址线必须重叠（不能有缺漏和多余）
		界址点与界址线的端点重合性检查	界址点必须是界址线的端点，界址线的端点处必须有界址点
		境界区域范围一致性检查	村级区域、乡级区域、县级行政区范围应一致
		基本农田保护区空间范围一致性检查	基本农田保护区不能跨越县级行政区域（飞地的情况例外）
	图属一致性检查	空间图形与属性一致性检查	矢量图层中各要素空间图形与属性记录一一对应

检查项	检查内容	检查要求	要求描述
数据一致性检查	图属一致性检查	承包地块图属一致性检查	承包地块信息表中的地块编码必须在地块图层中唯一存在
	属性数据一致性检查	发包方编码逻辑一致性检查	承包地块信息表、承包合同表、承包经营权登记簿表中的发包方编码及承包方表中承包方编码前14位，承包地块信息表中地块编码前14位在发包方表中必须存在
		承包方编码逻辑一致性检查	承包地块信息表、家庭成员表、承包合同表、流转合同表、承包经营权登记簿表中的承包方编码，以及承包合同表中承包合同编码、承包经营权证表、承包经营权登记簿表中承包经营权登记簿编码的前18位在承包方表中必须存在
		承包合同编码逻辑一致性检查	承包地块信息表、流转合同表中的承包合同编码在承包合同表中必须存在
		承包经营权证、登记簿编码逻辑一致性检查	承包地块信息表中流转合同编码在流转合同表中必须存在；承包经营权证、承包经营权登记簿表中的发包方编码、承包方编码、承包方式、承包期限起止日期应与承包合同表中一致
		承包地块合同面积逻辑一致性检查	承包合同表中承包合同总面积与包含该承包合同编码的承包地块的合同面积总和必须相同
		承包地数量一致性检查	承包合同表中承包地块总数与包含该承包合同编码的承包地块总数必须相同
		要素编码一致性检查	各权属表中的合同编码、权证编码、登记簿编码在承包合同表、承包经营权证表、承包经营权登记簿表中必须存在
		承包合同起止日期合理性检查	承包合同的终止日期应晚于起始日期
		县、乡、村、组级区域代码一致性检查	县级行政区代码（XZQDM）与所辖乡级区域代码（XJQYDM）前6位一致；乡级区域代码（XJQYDM）与所辖村级区域代码（CJQYDM）前9位一致；村级区域代码（CJQYDM）与所辖组级区域代码（ZJQYDM）前12位一致
接边质量检查	接边质量检查	共用界址点接边检查	接边处，相邻地块共用界址点或界址线时，不得存在间隔或缝隙，确保接边正确

1:1000

附图 1　调查草图 440.0—3485.6（样例）

托塘村	军塘村	洙津村
杨塝塘		飞涟村
城涟村	龙家湾	窑冲村

坐标系：2000国家大地坐标系
高程基准：1985国家高程基准

1:2000

制图者：李志海　2014年10月10日
审核者：张圣宏　2014年10月15日
编制单位：X二省基础测绘信息中心

附图 2　××镇××村××组地块分布图（样例）

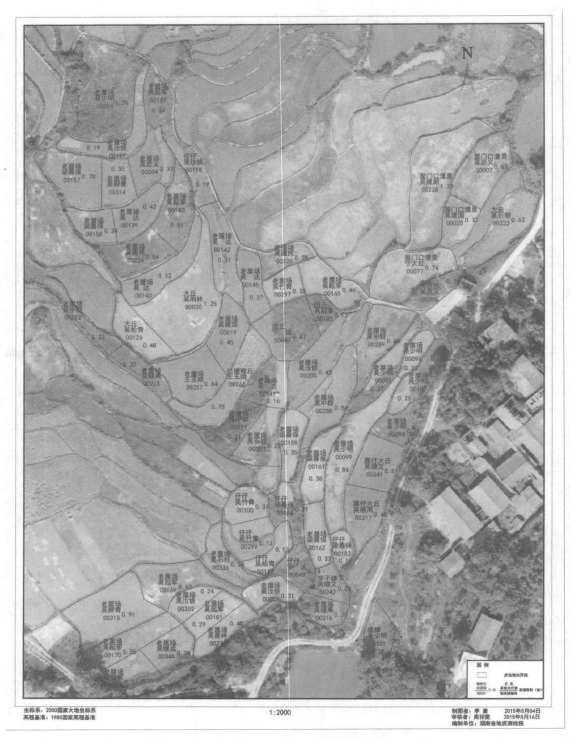

附图3　××县××镇××村××组地块分布图（样例）

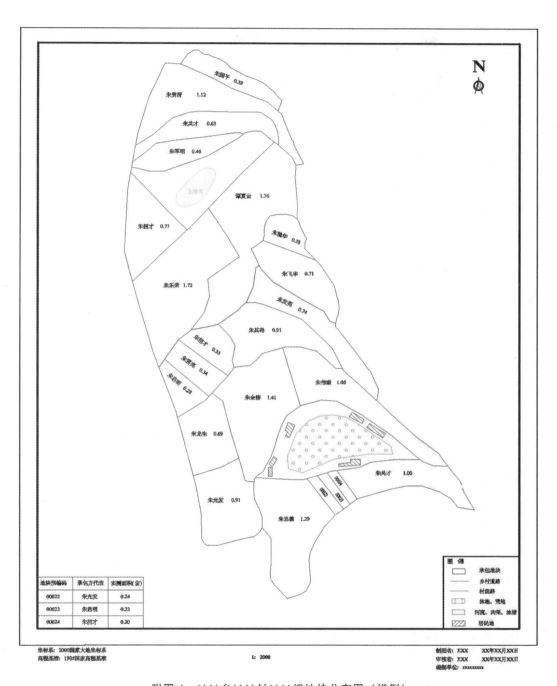

地块预编码	承包方代表	实测面积(亩)
00022	朱光发	0.24
00023	朱启明	0.23
00024	朱招才	0.20

坐标系: 2000国家大地坐标系
高程基准: 1985国家高程基准

1: 2000

制图者: XXX   XX年XX月XX日
审核者: XXX   XX年XX月XX日
编制单位: xxxxxxxx

附图4 ××乡××村××组地块分布图（样例）

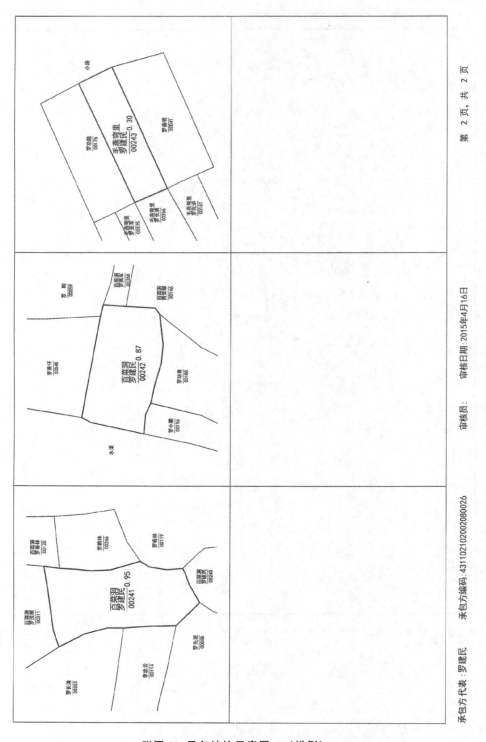

附图 5 承包地块示意图一 (样例)

承包方代表:罗建民　　承包方编码:4311021020020080026　　审核员:　　审核日期:2015年4月16日　　第 2 页,共 2 页

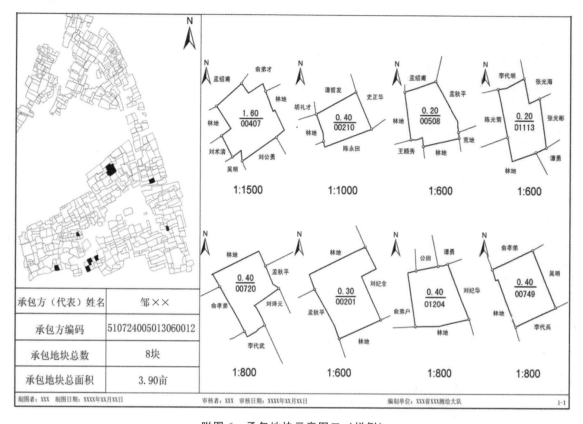

附图 6　承包地块示意图二（样例）